第 7 單元

LEGO 運用於多旋翼

姚武松　老師

姚武松，現任職於國立高雄第一科技大學機械與自動化系助理教授，專長為馬達設計、運動控制、數位訊號處理，及著力於機電傳動控制技術開發，總計近五年實務性產學合作計畫經費超過七百多萬元，學術性成果共發表將近 20 篇國際學術期刊論文，及累積超過 10 件國內外專利等成果，證明研究的可行性，將累積之知識有效轉換成產業界需求。另也相當致力於創新創業教材開發及創業團隊的建立，參與多次創新創業教學，積極指導學生與國內外各項科技創新與創業競賽獲獎，並輔導實質公司創立。

課程引言

在現今的社會，網路的全球化趨勢，使得國際競爭力不再是技術之間的相互競技，而是在於你能創造出多少的創新能量。當我們思考該如何在這樣的創新世代趨勢中去培養創新能力時，最大的影響力，就是從校園開始向下扎根。透過學校的教育翻轉，讓學生學會思考、學會分享、學會自己發掘問題，更重要的是，學會自己動手實作的態度。

國立高雄第一科技大學率先在 2010 年宣示轉型為「創業型大學」，致力於培育學生「具備創新的特質，以及創業家的精神」，透過課程來落實培育學生具備「創意思維、跨域合作、數位製造、創業實踐」，並於 2016 年 8 月出版了《方法對了，人人都可以是設計師》一書，透過課程的設計來培養學生達到創意思維及跨領域的合作。有鑑於學生在數位製造及創業實踐方面，較缺少動手實作的經驗，本校陳振遠校長集結了 9 位來自不同專業背景的學者專家，透過跨科系、跨專業的方式，共同編撰出以創夢工場的場域設備為主，教你如何動手實作的《創意實作》，書中有 9 個操作單元，包括風靡全球的創客運動、材質色彩資料庫、木工機具操作輕鬆學、基礎金屬工藝、3D 列印繪圖與操作、CNC 控制金屬減法加工、LEGO 運用於多旋翼、遊戲 APP 開發入門，以及在地文化資源的調查方法與應用。9 個單元皆透過由淺入深的介紹，讓讀者可以更輕鬆入門。單元從風靡全球的創客運動開始作介紹，接著進入手工具的手工製作，其中包含了木工機具的操作及金屬工藝的認識，以便了解手作精神的重要性。在學習手作單元之後，才可以進入自動化設備的學習。

了解手工設備的製作後，再開始進行機械自動化的 3D 列印加法加工及

CNC減法加工的軟體及設備操作。透過前面所包含的手工工藝製作及3D加工製作，之後就可以開始強調如何透過控制化程式來驅動動力進行加工。前7組單元從造型、結構、機構、邏輯、組裝等動手實作練習之後，第8單元也透過現今APP市場爆炸性的發展，從中學習如何開發出易上手的APP遊戲。

　　課程透過風靡全球的創客運動、手工具的操作、自動化機械設備加工、程式控制帶動馬達、APP遊戲過程操作，以及在地文化資源的調查方法與應用等9個單元，來達到玩中學、學中做的教育翻轉，俾能符應我國技職轉型高教創新的精神，亦能切合本校創業型大學願景培育學生具備創新的特質及熱忱、投入與分享的創業家精神。

　　本書希望能培養更多想成為自造者的年輕學子，透過《創意實作》中所介紹的9個由淺入深的實作課程操作練習，讓你我都可以成為這個產業趨勢中的全能自造者，並且訓練自己能擁有更多的技能專長！

單元架構

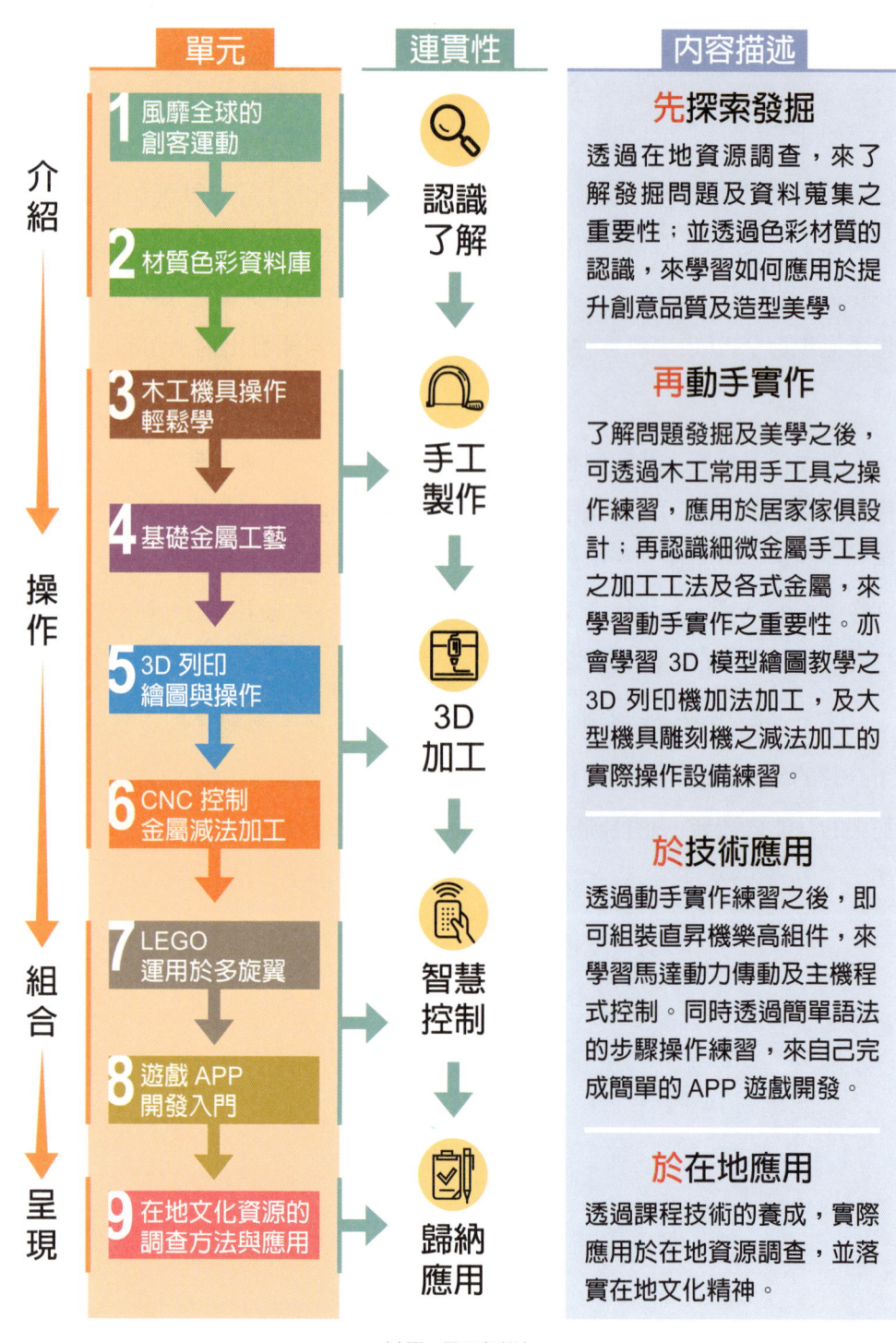

單元	連貫性	內容描述
1 風靡全球的創客運動	認識了解	**先探索發掘** 透過在地資源調查，來了解發掘問題及資料蒐集之重要性；並透過色彩材質的認識，來學習如何應用於提升創意品質及造型美學。
2 材質色彩資料庫		
3 木工機具操作輕鬆學	手工製作	**再動手實作** 了解問題發掘及美學之後，可透過木工常用手工具之操作練習，應用於居家傢俱設計；再認識細微金屬手工具之加工工法及各式金屬，來學習動手實作之重要性。亦會學習 3D 模型繪圖教學之 3D 列印機加法加工，及大型機具雕刻機之減法加工的實際操作設備練習。
4 基礎金屬工藝		
5 3D 列印繪圖與操作	3D 加工	
6 CNC 控制金屬減法加工		
7 LEGO 運用於多旋翼	智慧控制	**於技術應用** 透過動手實作練習之後，即可組裝直昇機樂高組件，來學習馬達動力傳動及主機程式控制。同時透過簡單語法的步驟操作練習，來自己完成簡單的 APP 遊戲開發。
8 遊戲 APP 開發入門		
9 在地文化資源的調查方法與應用	歸納應用	**於在地應用** 透過課程技術的養成，實際應用於在地資源調查，並落實在地文化精神。

介紹 → 操作 → 組合 → 呈現

（圖，單元架構）

緒論

前面幾個單元著重在手工製作及 3D 加工製作的課程單元，而第七單元則除了包含之前的手工組裝加工及 3D 加工製程之外，也介紹如何啟動的方法，因此如何啟動動力的來源，就成了本單元所要強調的重點，同時還搭配 LEGO 積木的組裝，讓 LEGO 積木變成可控制式的動力積木。所以本單元一開始是結合前面單元的課程經驗累積，從型態、組裝、到程式控制的撰寫，再配合 LEGO 積木組合的靈活度與變化性，藉由動力馬達的帶動，以及來自於 EV3 微型電腦程式所撰寫執行的智慧型控制，進入 LEGO 的世界，以期培養學生在結構、機構、邏輯上的能力。

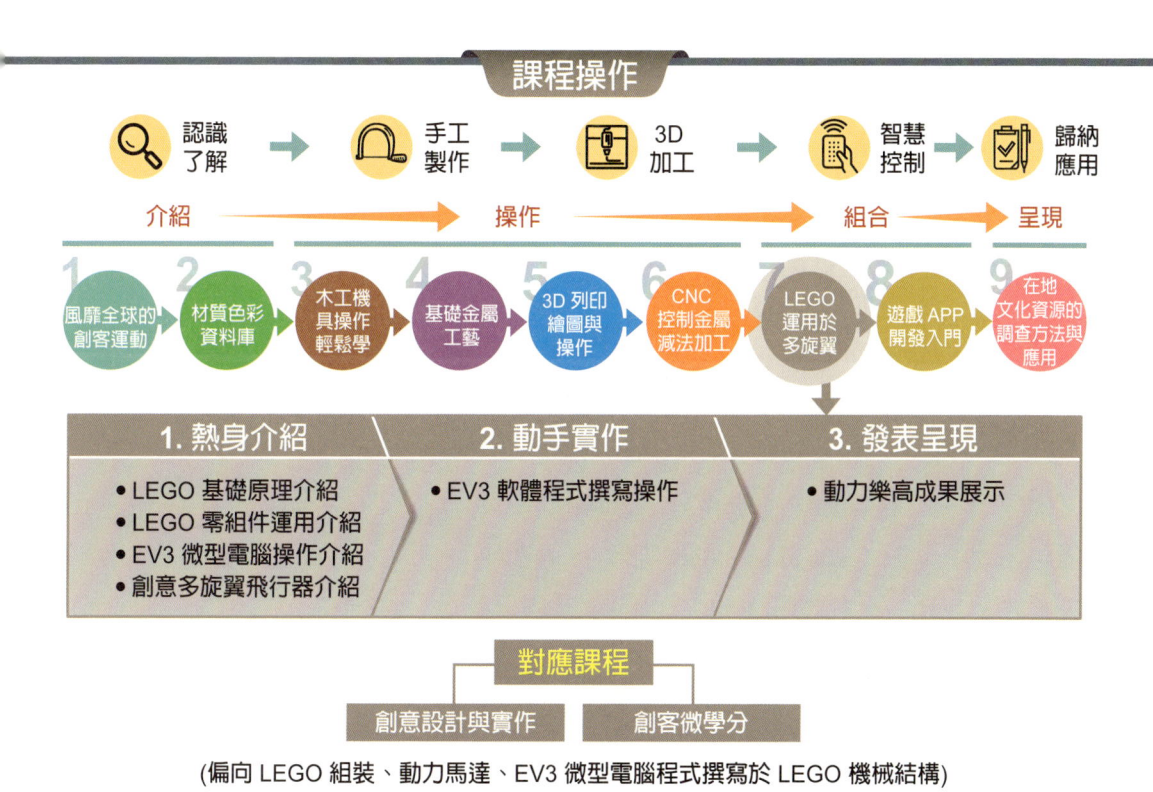

課程操作

認識了解 → 手工製作 → 3D 加工 → 智慧控制 → 歸納應用

介紹 　　　　　操作 　　　　　組合 　　　　　呈現

1. 風靡全球的創客運動
2. 材質色彩資料庫
3. 木工機具操作輕鬆學
4. 基礎金屬工藝
5. 3D 列印繪圖與操作
6. CNC 控制金屬減法加工
7. LEGO 運用於多旋翼
8. 遊戲 APP 開發入門
9. 在地文化資源的調查方法與應用

1. 熱身介紹
- LEGO 基礎原理介紹
- LEGO 零組件運用介紹
- EV3 微型電腦操作介紹
- 創意多旋翼飛行器介紹

2. 動手實作
- EV3 軟體程式撰寫操作

3. 發表呈現
- 動力樂高成果展示

對應課程：創意設計與實作　創客微學分

(偏向 LEGO 組裝、動力馬達、EV3 微型電腦程式撰寫於 LEGO 機械結構)

目錄

司長序
校長序
課程引言
單元架構
緒論

7.1 LEGO —— 7-2

一、熱身階段——基礎原理簡介 —— 7-2

二、發展階段——設備及操作步驟 —— 7-6

(一) 平板積木 —— 7-6

(二) 長桿積木 —— 7-6

(三) 連接器 —— 7-8

(四) 齒輪 —— 7-11

(五) 輪子及履帶 —— 7-12

(六) 裝飾類零件 —— 7-13

(七) 電子零件 —— 7-13

樂高 EV3 的世界 —— 7-14

(八) 圖形化程式 —— 7-18

三、成果階段——成品或樣品展示 —— 7-24

(一) 樂高動力機械：直升機 —— 7-24

(二) 樂高 EV3 機械手臂 —— 7-28

(三) 樂高 EV3 機械手臂程式撰寫 —— 7-32

7.2 創意多旋翼飛行器 —— 7-35
　一、無人機簡介 —— 7-35
　　　(一) 遙控器 —— 7-38
　　　(二) 接收機 —— 7-38
　　　(三) 飛控板 —— 7-38
　　　(四) 電池 —— 7-39
　　　(五) 電子調速器 —— 7-39
　　　(六) 無刷馬達 —— 7-40
　　　(七) 槳 —— 7-40
　　　(八) 其他 —— 7-40
　二、Faze 基礎認識 —— 7-43
　　　(一) Faze 初步認識 —— 7-43
　　　(二) 飛行教安 —— 7-45

創意實作 ▶ LEGO 運用於多旋翼

7.1　LEGO

一、熱身階段——基礎原理簡介

　　樂高積木以是否有馬達動力傳動以及主機程式控制，大致分為三類，第一類是幼兒型樂高積木，如圖7-1所示，積木的體積比一般的樂高積木大，大部分為結構的組合零件為主，少數的動力傳動零件，例如：齒輪。這種較大型的樂高積木多為幼兒園中，作為啟發幼兒智力發展的教具。

（圖7-1，幼兒型樂高積木，姚武松整理，2016）

　　第二類是動力機械積木，如圖7-2所示，積木零件較小，有多種結構組件及動力傳動零件，例如：平板、連接器、齒輪、皮帶輪等，與幼兒型樂高積木最大的差別除了零件大小以外，就是具有電動馬達的動力組件，接上動力馬達就像賦予樂高積木一個靈魂，自己就會動了，因此，積木組合的靈活度與變化性相當大，甚至可以模擬出真實汽車的內部動力及傳動系統，引擎汽缸、變速箱及轉向差速器等，會利用到機械齒輪傳動的原理，但困難度也相對提升許多。這種積木大多用於中小學學童的社團課程，或者是民間也有樂高補習班／才藝班，可以訓練小朋友邏輯組織的能力，也可作為學習第三類樂高積木的先修班。

第三類是樂高機器人 EV3，如圖7-3 所示，積木零件大小與動力機械相同，但是零件組成較不一樣，沒有平板這種結構組件，而大部分的結構組件都是由長桿所擔任，可以說是與動力機械的組合方式完全不同，從動力機械進階到樂高機器人 EV3 時，還真的是有點轉不過來，因為動力機械積木所用的結構零件上都有所謂的「豆豆」，在組合上較為直覺，只要由下往上一層一層的往上疊加即可，而動力機械 EV3 的結構組件就沒有「豆豆」這玩意，在組立機構時必須要有 3D 的概念，並以「由裡而外」的組合方式來思考。

（圖7-2，動力機械積木，姚武松整理，2016）

（圖7-3，樂高機器人 EV3，姚武松整理，2016）

而樂高機器人顧名思義，就是用來組合出機器人所專用的積木，一個機器人跟一個只會動的機器最大的差異就是「可程式控制」，也就是說樂高機器人必須有一個主機來執行程式，並結合馬達、感測器及整體的機構，構成一個機器人所需要的功能。樂高機器人的程式是以圖形化的方式撰寫，選用需要的功能圖塊並排列組合，就可以達到程式控制的目的，如圖7-4，但若機器人所要達

創意實作 ▶ LEGO 運用於多旋翼

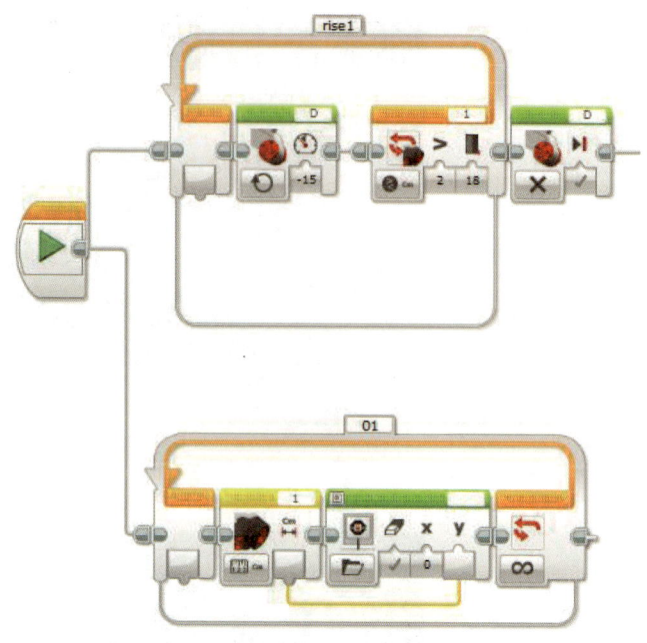

（圖7-4，樂高圖形化程式，姚武松整理，2016）

成的目標較複雜，則程式撰寫的難度及複雜度相對提高，必須有一定程度的邏輯能力。樂高機器人較適合國、高中，甚至是大學的學生來學習，在國內也有樂高機器人的相關競賽。

一般而言，雖然動力機械與樂高機器人在零件配置上有些不同，但其實這兩種樂高的零件都是通用的！所以如果讀者同時擁有這兩種樂高的零件，那就可以發揮創意結合這兩種樂高，組合出屬於你的機器人吧！

樂高積木是一個高度系統化且十分精密的一種積木零件，也因此，樂高積木的價格相當昂貴，以下我們將介紹動力機械與樂高機器人的主要零件，讀者將會發現，樂高真的是相當有組織，不只是拿來給小朋友玩的玩具而已。

介紹各種零件之前，我們必須先認識樂高積木的基本長度單位，如圖7-5，是由一個長 × 寬 × 高為 0.8 cm × 0.8 cm × 0.96 cm 的單位積木所組成，一個單位積木稱為 1 L，五個單位長度的樂高積木則稱為 5 L。

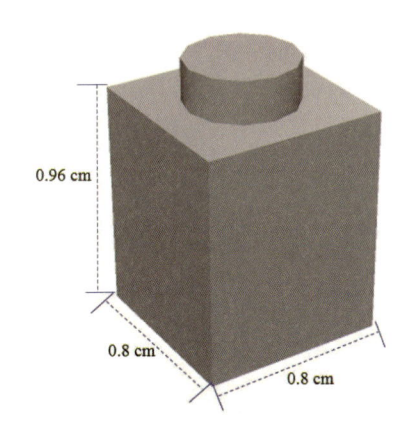

（圖7-5，樂高長度的基本單位，姚武松整理，2016）

◆ **樂高積木的零件可以區分為以下幾種分類：**

1. **平板類（plate）**：包含平板積木（plate）、圓孔平板積木（technic plate）、方塊積木（brick）。
2. **長桿類（beam）**：包括直桿（straight beam）、凸點橫桿（technic brick）、角桿（angular beam）、框架（frame）、連桿（link）、薄桿（thin beam）。
3. **連接器類（connector）**：包括插銷（pin）、十字軸與軸承（axle and bush）、插銷連接器（pin connector）、跨接零件（cross block）。
4. **齒輪類（gear）**：包括正齒輪（spur gear）、斜齒輪（bevel gear）、蝸桿與渦輪（worm gear）、齒條（rack）。
5. **輪子與履帶類（wheel and tread）**：包括輪子（wheel）、履帶（tread）、輪胎（tire）。
6. **裝飾類（decorative）**：包括面板（panel）、尖牙（teeth）、劍（sword）等等。
7. **其他類（miscellaneous）**：包括球（ball）、球彈匣（ball magazine）、球發射器（ball shooter）、橡皮筋（rubber band）。
8. **電子類（electronic）**：包括EV3主機（EV3 intelligent brick）、馬達（motor）、電池（battery）、感測器（sensor）、線材（cable）。

二、發展階段──設備及操作步驟

(一) 平板積木

平板是動力機械積木必要的結構零件,每個平板上都有凸點,也就是俗稱的「豆豆」,每一個豆豆所表示的意思即是一個樂高的基本單位,如圖7-6為一個2×4L的平板與圓孔平板積木,利用這種平板可以很直覺的利用堆疊的方式來組合樂高,是一種很好利用的組合零件。其中,圓孔平板積木當中的圓孔可以使軸穿過,進而使軸達到傳動的目的,如圖7-7,若巧妙的運用平板上的豆豆,將平板以交叉重疊的方式堆疊,也可以有效的增加結構的剛性喔!

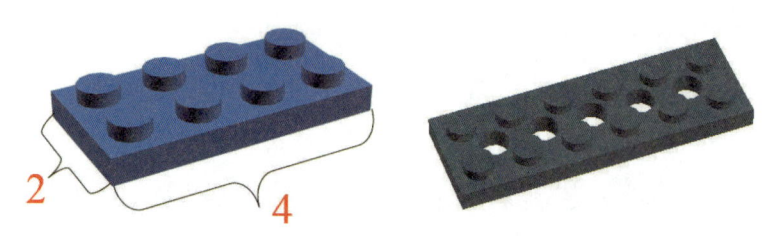

(圖7-6,2×4L的平板零件與圓孔平板積木,姚武松整理,2016)

(圖7-7,圓孔平板積木搭配傳動與交叉堆疊的平板積木,姚武松整理,2016)

(二) 長桿積木

同樣作為結構零件的還有長桿積木,動力機械積木中才有的凸點橫桿以及樂高機器人都會有的平滑橫桿,如圖7-8,這邊要注意的是,凸點橫桿是以凸點作為長度的衡量,而平滑橫桿則是以圓孔作為長度的衡量。凸點橫桿因為同時

擁有凸點以及圓孔，可以一次搭配兩個方向的零件組合，而平滑橫桿達成水平方向的連接，如圖7-9。

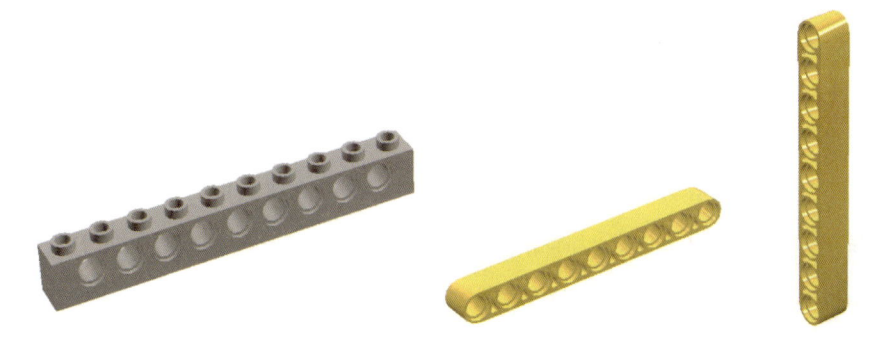

（圖7-8，凸點橫桿與平滑橫桿，姚武松整理，2016）

（圖7-9，凸點橫桿雙方向結合與平滑橫桿水平方向連接，姚武松整理，2016）

除了平滑橫桿以外，還有幾種不同圓孔數的角桿，分別扮演積木組合中不同的功能與角色，如圖7-10。

（圖7-10，各種不同角度及長度的角桿，姚武松整理，2016）

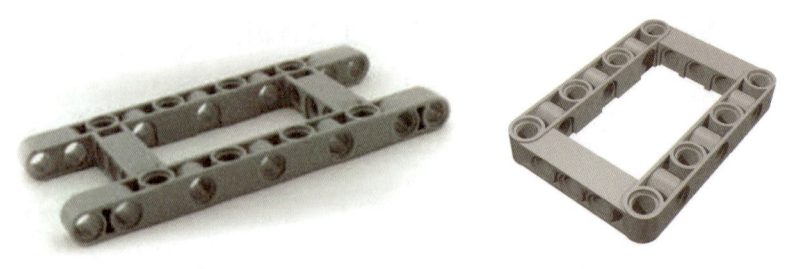

（圖7-11，H 型框與 O 型框，姚武松整理，2016）

框架也是製作結構的零件中非常重要的零件之一，分為 H 型框與 O 型框兩種，如圖7-11，若要製作出十分牢靠的堅固結構，一定要好好認識這些重要的零組件呀！

(三) 連接器

樂高零件中數量最多的就是連接器，連接器類似於現實生活中的螺絲、螺帽、墊圈、釘子等等這類的零件，用來連結兩個不同的組件，而在樂高的組件，也有各式各樣的連結器來擔任這樣的角色，像是十字軸、插銷、套筒等。

插銷依功能可以分為十字軸插銷、緊插銷、鬆插銷、球型插銷、3 L 平滑插銷等，如圖7-12，（a）～（d）顏色較深的是各類緊插銷，依序分別是十字緊插銷、緊插銷、3 L 緊插銷跟 3 L 軸承插銷，而（e）～（g）顏色較淡的是鬆插銷，依序分別是 3 L 鬆插銷、鬆插銷跟十字鬆插銷。十字插銷多用來搭配齒輪或輪胎使用，使齒輪或輪胎自由的轉動，而緊插銷與鬆插銷的差別在於緊插銷上有小小的隆起狀設計，使它在圓孔中比較不容易轉動，可以使組件在連結時有比

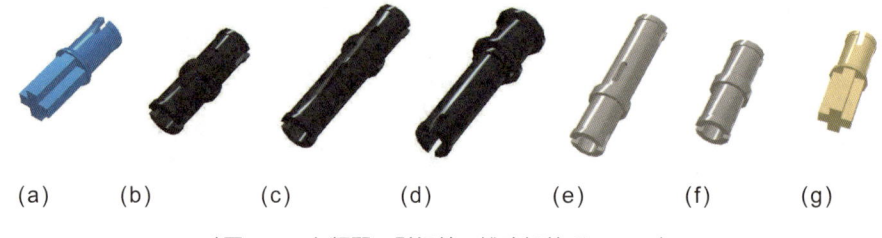

(a)　　(b)　　(c)　　(d)　　(e)　　(f)　　(g)

（圖7-12，各類緊、鬆插銷，姚武松整理，2016）

較穩固的效果，適合用於結構件的連結，而鬆插銷的表面較圓滑，連結組件時雖然有結合，但間隙較大使得組件間有一個撓度，較適合用於活動件的組合。

　　十字軸與套筒經常用於傳遞旋轉動力的地方，例如從馬達軸到輪子之間的動力傳遞、齒輪與齒輪之間的動力傳遞等，於長距離的結構連接與支撐，也能以十字軸取代長桿類的零件；套筒則用於十字軸上，阻擋十字軸的軸向移動，也可以使套在十字軸上零件能透過套筒與其他零組件保持一段距離，避免在旋轉時候的摩擦。十字軸跟長桿一樣有各種不同的長度，你可以找到跟十字軸一樣的長桿，算算看長桿上的圓孔，就知道十字軸的長度是多少單位了，如圖7-13，可以發現淺灰色的都是單數長度，黑色的都是雙數長度，值得注意的是，有特殊長度的且中間有阻隔物的十字軸，這種十字軸在特定長度的組合中可以被利用，且中間的阻隔物可以代替套筒的功能來使用。

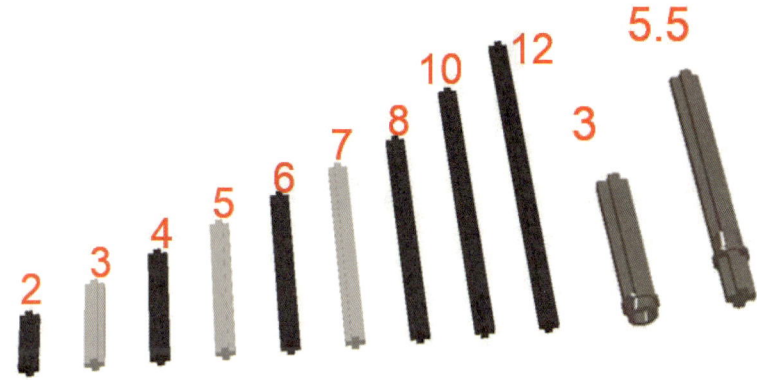

（圖7-13，各種長度的十字軸與特殊十字軸，姚武松整理，2016）

　　套筒則分為兩種，一種是灰色的厚套筒，一種是黃色的薄套筒，如圖7-14，黃色的套筒厚度是基本單位長度的一半，也就是 0.5 L，而灰色的套筒厚度為 1 L，這兩種套筒都是為了要阻擋十字軸與其組件的軸向移動，按照組立零件的不同，選用適用的套筒。

（圖7-14，套筒，姚武松整理，2016）

當你在組合一台非常大的機器人或者是長度很長的機器人，需要將旋轉動力傳遞到很遠的地方，角度連結器是你最佳的選擇，如圖7-15有各種不同的角度選擇，可用於十字軸的延長、也可以用於組合結構件，如圖7-16左側是以角度連結器組成的正八邊形結構。

（圖7-15，各種角度連接器，姚武松整理，2016）

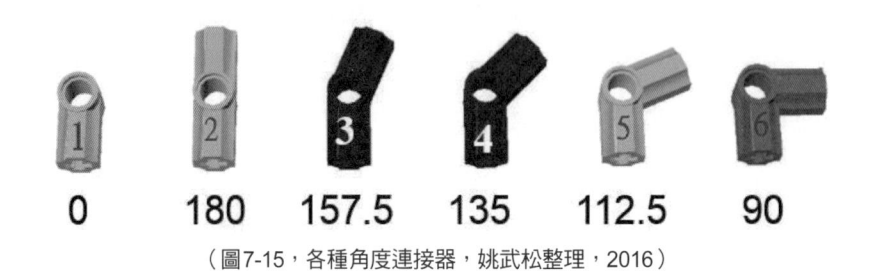

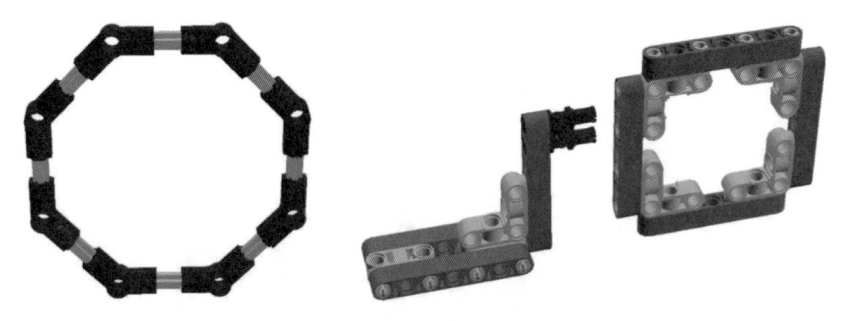

（圖7-16，角度連接器構成的結構與 H 型連結器構成的結構，姚武松整理，2016）

圖7-17是 H 型連結器，專用於組裝水平、垂直結構的延伸，可省去使用大量的插銷及角度連接器，如圖7-17右側可用於垂直方向的結構組合。

（圖7-17，H 型連結器，姚武松整理，2016）

當然在組合相當複雜的機器人，例如機器人、機器手臂時，所組合到的機構會有許多不同零件的需求，再多不同的零件都不夠用！所以除了以上的連結器，還有許多不同功能的連結器，如圖7-18，若是要做出動作精準、輕巧的機器人，搭配組合各式的連結器是必須的，然而各式連結器的排列組合可以說是千變萬化，想要列出所有連結器的排列組合是不可能的，所以只能多花點時間研究這些連結器的用法，如圖7-19 是連結器的運用範例。

（圖7-18，其他連結器，姚武松整理，2016）

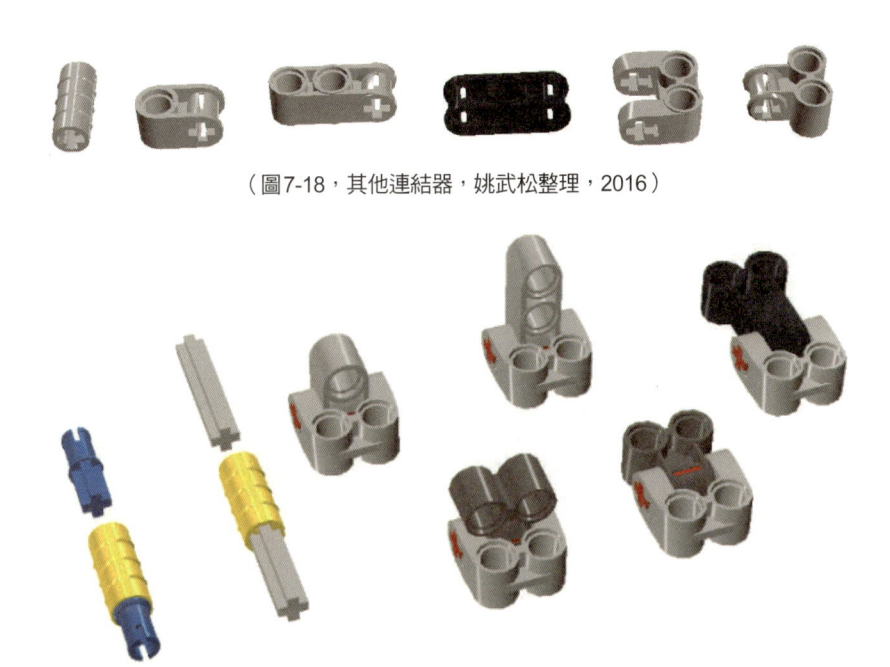

（圖7-19，連結器的運用範例，姚武松整理，2016）

(四) 齒輪

　　齒輪可以說是動力傳遞的靈魂組件，齒輪有正齒輪、冠狀齒輪、渦桿與渦輪及尺條，可以使速度、扭力的傳遞依照不同的大小齒輪搭配來改變，也可以利用冠狀齒輪達成垂直方向動力傳遞，如圖7-20 左側為各種齒輪，右側是樂高機器人 EV3 專有的齒輪座，在下個章節的應用例中會有實用的說明。

創意實作 ▶ LEGO 運用於多旋翼

（圖7-20，各種齒輪與齒輪座，姚武松整理，2016）

渦桿在樂高中有個特別的應用，可以達成相當高的減速比，並改變傳動的方向，如圖7-21 是利用齒輪與渦桿及連結器所構成的減速齒輪箱。

（圖7-21，減速齒輪箱，姚武松整理，2016）

（五）輪子及履帶

非步行的機器人中，若要四處移動，絕大部分都是利用輪子或是履帶來達成，可以依據機器人的大小、使用的需求，來搭配輪胎的大小，有時甚至不使用輪胎皮單，只使用輪框來作為車子的輔助輪；履帶可以用來克服地形較艱困的場合，如較需摩擦力前進的泥土地等，或也可以拿來使用在輸送帶上，模擬一個工廠的生產線，如圖7-22 是車輪與履帶。

（圖7-22，車輪與履帶，姚武松整理，2016）

(六) 裝飾類零件

　　樂高零件套組裡有許多裝飾用的零件，在組合樂高時不僅只有考慮性能方面，讓組合起來的機器人威風凜凜也是一門學問，圖7-23 是樂高常見的裝飾零件，像是長得像鋼彈盾牌的各尺寸面板以及頭盔的裝飾零件。

（圖7-23，各種裝飾零件，姚武松整理，2016）

(七) 電子零件

　　除了上述這些基本的樂高零件外，最後要介紹的就是讓樂高機器人 EV3 組件可以成為機器人的核心──電子零件。EV3 樂高機器人的電子零件包括主機、伺服馬達、各式感測元件及連接線材，以下將有詳細的介紹，讓讀者可以快速進入樂高機器人的世界裡。

7-13

樂高 EV3 的世界

I. EV3 主機

　　EV3 主機其實就是一台執行程式命令的微型電腦,在機器人中扮演大腦的角色。在撰寫程式時,它可以透過 USB 連接埠與電腦連接,將撰寫完成的程式燒錄於 EV3 主機中,或者是利用 SD 卡來插槽以讀取記憶卡的內容,並可以藉由主機上的螢幕來操作及執行程式,並分別有四個輸入與輸出端的插槽,輸入端以數字 1～4 來表示,輸出端則以英文字 A～D 表示,如圖 7-24 為 EV3 主機各部位功能示意圖。

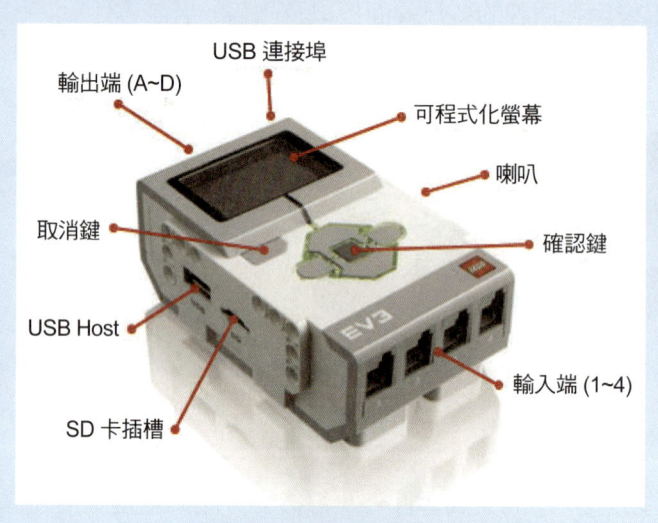

（圖 7-24,EV3 主機各部位功能示意圖,姚武松整理,2016）

　　將撰寫好的程式燒入進 EV3 主機後,在操作方面就必須要仰賴主機上的螢幕顯示,圖 7-25 為 EV3 主機螢幕上基本的的資訊內容,如電池電量、程式一覽,主機設定等,除此之外,可在主機上撰寫簡易的程式,即時查看連接的感測器所測得的數值,甚至可以進一步將感測器所測得的數據儲存起來,再回傳至電腦,可使程式的參數調正更加的精確。

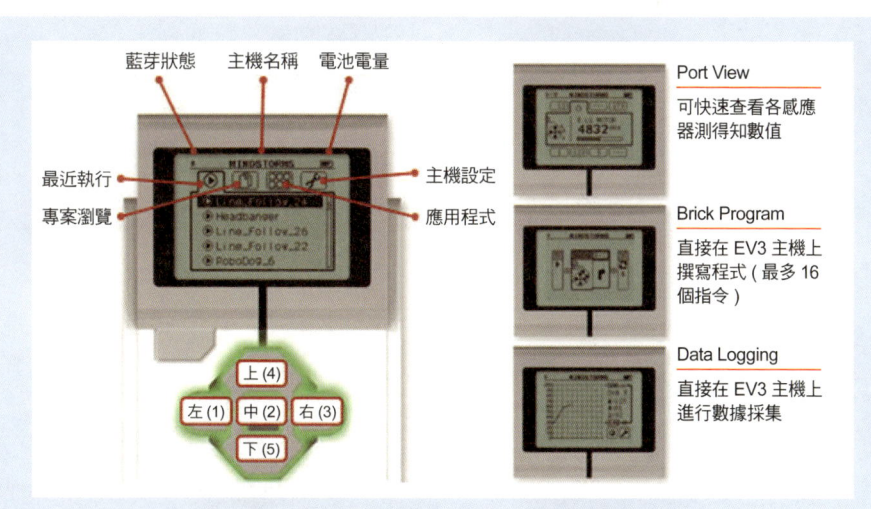

（圖7-25，EV3 主機螢幕顯示資訊，姚武松整理，2016）

II. 伺服馬達

　　樂高機器人套件中，共有兩個大型伺服馬達，如圖7-26左側，及一個中型伺服馬達，如圖7-26右側，同時組裝時，總共可控制三個自由度的運動。

　　大型及中型的伺服馬達都有內建的編碼器，可以判別馬達運轉的角度，其精度皆為一度，可以實現相當精準地控制，而大型的伺服馬達適合作為機器人的動力源，中型的伺服馬達適合用於較低負載的動力控制，例如機械手臂中的夾爪。

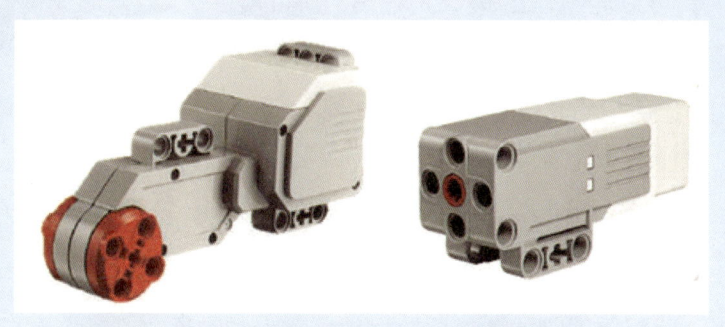

（圖7-26，大型伺服馬達與中型伺服馬達，姚武松整理，2016）

III. 各式感測元件

A. 顏色感測器

顏色感測器如圖7-27，有三種功能，分別是顏色感測、反射光強度感測、環境光強度感測。在顏色感測模式中，顏色感測器可以判別七種顏色，分別是黑色、藍色、綠色、黃色、白色、棕色及無顏色，機器人可以利用顏色感測器偵測顏色的不同來進行程式邏輯的判斷。

（圖7-27，顏色感測器，姚武松整理，2016）

在反射光強度感測模式中，顏色感測器可以量測由發光燈反射回來的光強度，以數字 0～100 來反映光的強度，這種模式大多用於機器人循跡中，針對不同的底部表面，偵測到不同的光感測強度來辨識機器人行經的路線。

在環境光強度感測模式中，可以量測周圍環境的光源強度，也以數字 0～100 來表達光源的強度，這個功能可以應用於掃地機器人中，在燈滅的時候即開始工作而燈亮時則停止。

B. 陀螺儀感測器

陀螺儀感測器如圖7-28 所示，這種感測器可以偵測到旋轉運動的角度，也可以偵測出瞬時的角速度，其可以測量出的最大角速度為 440 度/秒而誤差為 3 度，這種感測器多用於輔助情況使用，例如可以用來偵測機器人摔倒的情況。

（圖7-28，陀螺儀感測器，姚武松整理，2016）

C. 按壓感測器

按壓感測器如圖7-29，前端有一處紅色三角型的突起，可以藉由按壓這個突起來判斷機器人所遇到的情況及環境，就像盲人以手觸摸的方式來觀察世界，而這種感測器大量用於掃地機器人中的環境判斷，當機器人碰

撞到物體時則轉往其他方向進行移動，以克服複雜環境的因素，也能達到避開障礙物的功能。

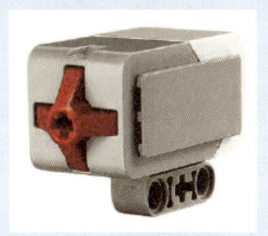

（圖7-29，按壓感測器，姚武松整理，2016）（圖 7-30，超音波感測器，姚武松整理，2016）

D. 超音波感測器

　　超音波感測器就像機器人的眼睛，如圖7-30 就像一個眼睛的造型，一端發出超音波訊號，另一端則接收反射回來的超音波，可以用來測量與前面物體相隔的距離。測量的距離可以以英寸或釐米來表示，量測的範圍是 3～250 mm ± 1 mm 及 1～99 inch ± 0.394 inch，過近或過遠都無法量測，且較難量測不規則平面的物體，如與窗簾布相隔的距離，因為不規則表面的物體會使超音波反射的角度不正確，導致無法正確接收到反射回來的超音波，而難以量測出距離。

　　這種感測器可以用來量測與物體相隔的距離，並將量測所得的資訊回授至馬達，例如：機械手臂與待夾取物體的距離。

　　有關樂高積木與樂高機器人的介紹到此告一個段落，雖然已經介紹了相當多種類的樂高積木，但由於樂高積木的種類實在相當繁多，無法一一介紹，卻也留給了讀者對於未知的樂高零件一個探索的空間，這也使大家組合出來的樂高機器都是獨一無二的作品，蘊含了自己的創意及巧思、結合了機械原理及 3D 概念所組合出來的心血結晶。

　　下一章節將進入樂高機器人自動控制的核心「圖形化程式」的撰寫。

(八) 圖形化程式

樂高機器人 EV3 之圖形化程式的撰寫必須仰賴 EV3 軟體，運用 EV3 軟體是個最簡單、最快上手，也是最容易能撰寫程式的方式，並能與樂高主機作傳輸程式及執行。EV3 軟體的主介面如圖7-31，在主介面中可以從副選單來選擇所要需要的功能，一般專寫程式可以直接選擇"Programming"進入程式撰寫介面，若是已經有撰寫好程式，可以由主選單的地方選擇"File"來開啟舊檔，有許多功能既不概述，讀者可以多方嘗試各種功能。

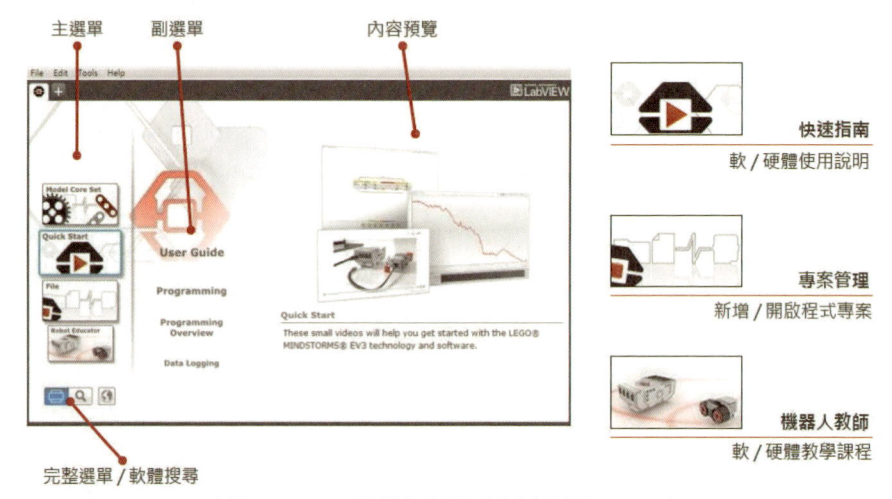

（圖7-31，EV3 軟體主介面，姚武松整理，2016）

在進入"Programming"進入程式撰寫介面後，可以看到如圖7-32 的介面功能說明，中間空白處即是程式撰寫區，將左下方的指令面板中的各種不同功能的程式，以拖曳的方式將所需要功能拖曳至程式撰寫區，並與「播放」功能連結，這時會發現，拖曳進入程式撰寫區的功能圖塊由暗變亮，代表該功能圖塊有正常連結並開啟功能，此時即可以針對該功能圖塊輸入參數設定。

初步將所需要的圖塊及功能參數設定完畢後，即算完成簡易的程式撰寫，此時必須將 EV3 樂高機器人主機與電腦進行連接，連接後在程式撰寫介面的右下角的主機管理面板處，會顯示主機即時的資訊，確認主機與電腦成功連接後，

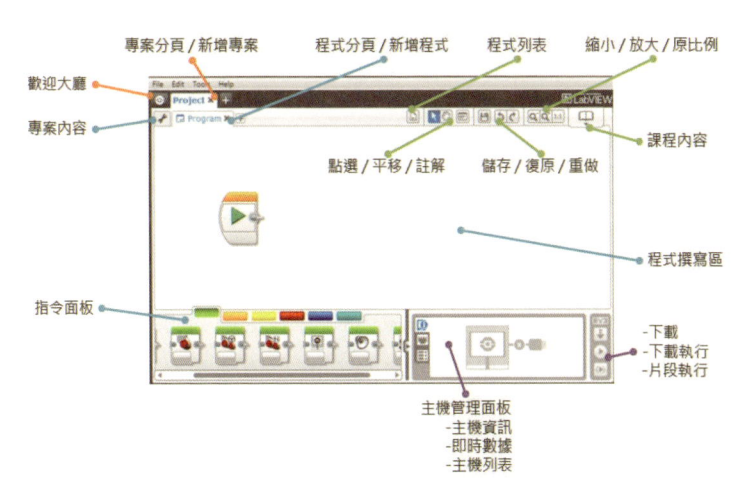

（圖7-32，程式撰寫介面，姚武松整理，2016）

即可選擇主機管理面板右方的下載、下載執行或片段執行的功能，此三種功能分別是將撰寫好的程式燒入至主機中但不執行、將撰寫好的程式燒入至主機中並執行或燒入程式後以步階執行，特別的是，當樂高機器人在執行程式時，若與撰寫人所想不同，則可利用第三種執行的功能來偵錯，藉此來找出交錯複雜的程式中，參數或功能設定有問題的圖塊，解決程式中執行的錯誤問題。

　　樂高 EV3 軟體的功能圖塊分為五大類，分別是動作、流程、感應器、數據及進階，如圖7-33。

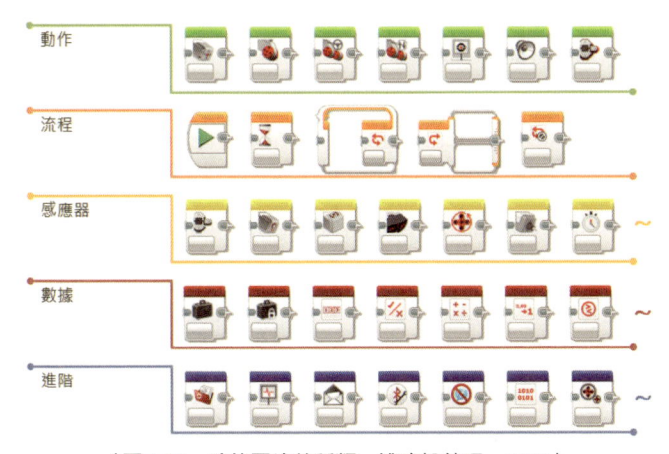

（圖7-33，功能圖塊的種類，姚武松整理，2016）

7-19

- 第一類功能皆是樂高機器人的動作命令圖塊，利用動作圖塊可以分別針對連接的馬達下達控制的命令。
- 第二類功能是程式撰寫中很重要的流程功能圖塊，扮演著程式中邏輯切換的角色，所謂邏輯則是需要判斷跟選擇的地方，可以控制馬達在什麼時候需要轉動，在什麼時候停止。
- 第三類功能是各式感測元件的接收圖塊，利用這些圖塊可以即時獲得感測器所偵測的數據，並可將數據回授至馬達當作馬達的控制命令，或者是結合第二類的流程功能，作為判斷及選擇的依據。
- 第四類功能圖塊則是可以針對數據進行運算以及類似第二類圖塊的判斷功能，結合感測器功能將感測器所量測到的多筆數據進行比較或放大縮小，比方來說，可以用在兩顆伺服馬達的同動控制，用比較的方式比較兩顆馬達實際行進的距離與內部編碼器的角度比較，使兩顆馬達能夠同步運轉，才能夠讓機器人筆直的前進。
- 第五類功能是進階功能，這類功能較少在使用，像是藍芽連結、訊息傳遞這類的，不過若是結合手機 APP 程式的話，這類功能就可以派上用場囉。

在第一類的動作功能中，有兩個比較特別需要注意的功能，一個叫作"move steering"，另一個叫作"move tank"，這兩種功能都是可以同時驅動兩顆伺服馬達，不一樣的地方在於參數的設定方面，前者是以導向性來調整左右兩輪的速度來改變行進的方向，如圖7-34，而後者是直接調整兩顆馬達的電力大小來改變行進的方向，如圖7-35，一般來說兩者的功能相似，但可以依據程式設計者所使用的回授訊號源的特性，來選擇哪一種驅動方式比較適合進行控制。

第二類的流程功能主要分為兩種，一種是迴圈（loop）如圖7-36，一種是分岔（switch）如圖7-37，一般而言，若一個程式中只有動作、感測器這種功能圖塊，當 EV3 機器人執行程式時，就只會執行一次就結束了，並不會持續

移動距離

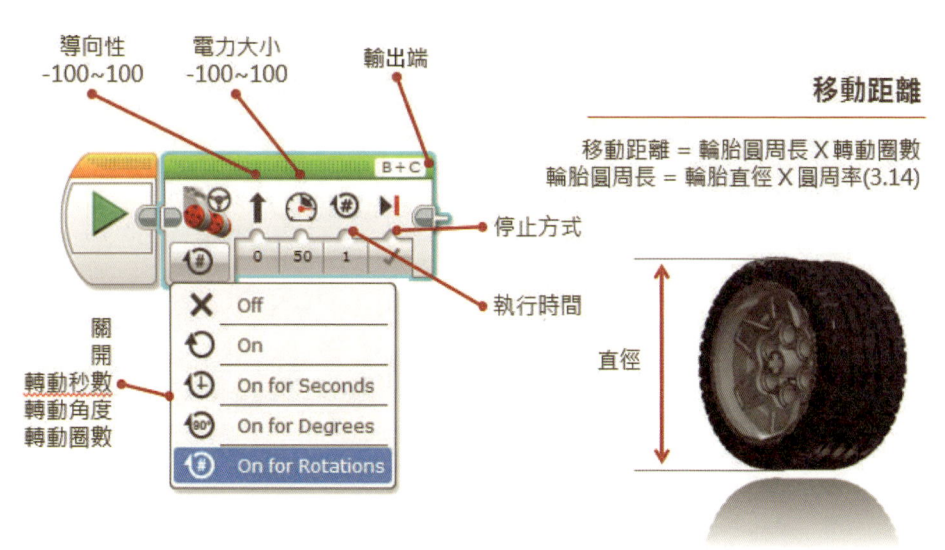

移動距離 = 輪胎圓周長 X 轉動圈數
輪胎圓周長 = 輪胎直徑 X 圓周率(3.14)

導向性 -100~100
電力大小 -100~100
輸出端
停止方式
執行時間
關
開
轉動秒數
轉動角度
轉動圈數
Off
On
On for Seconds
On for Degrees
On for Rotations
直徑

（圖7-34，move steering，姚武松整理，2016）

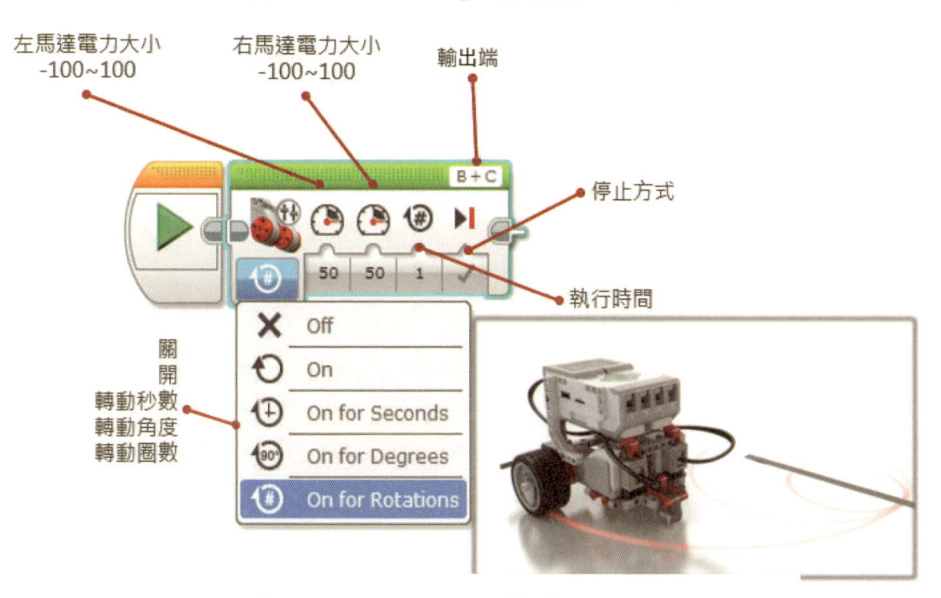

左馬達電力大小 -100~100
右馬達電力大小 -100~100
輸出端
停止方式
執行時間
關
開
轉動秒數
轉動角度
轉動圈數
Off
On
On for Seconds
On for Degrees
On for Rotations

（圖7-35，move tank，姚武松整理，2016）

執行直到達成目的為止，因此我們必須利用迴圈指令，將我們的那些動作、感測器的功能圖塊「包在迴圈裡面」，就可以持續地執行程式了。但是當樂高機器人有很多複雜的程式且不只一個迴圈時，就需要有停止迴圈的功能，在迴圈

7-21

創意實作 ▶ LEGO 運用於多旋翼

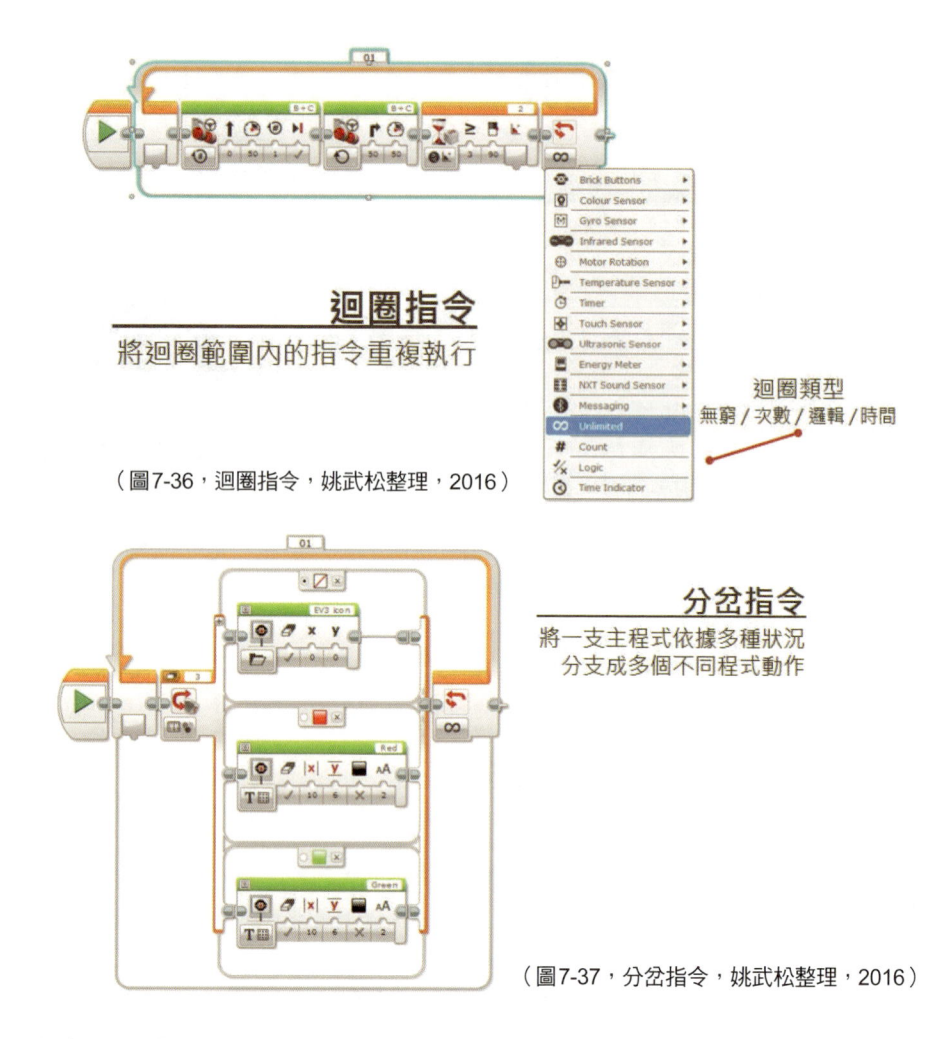

迴圈指令
將迴圈範圍內的指令重複執行

迴圈類型
無窮／次數／邏輯／時間

（圖7-36，迴圈指令，姚武松整理，2016）

分岔指令
將一支主程式依據多種狀況
分支成多個不同程式動作

（圖7-37，分岔指令，姚武松整理，2016）

的尾端有一個「無限」符號的地方，可以選擇迴圈停止的基準，沒錯！就是利用感測器來判斷什麼時候停止這個迴圈，或者跳到其他的迴圈中，因此，迴圈（loop）根本就是一個機器人的程式必備品！必須非常熟悉迴圈的使用方式才能寫出精簡的程式！

分岔（switch）相當類似迴圈功能，只是在迴圈當中又多了判斷的功能，所以是一種「不斷在執行判斷及判斷後的程式」的功能，舉例來說，若一個樂高機器人的任務是沿著白線右邊走，若顏色感測器照到不是白色的線即左轉，

否則只要一直前進就可以了，這種必須一直執行判斷的程式就需要用到分岔！這兩種功能都可以互相包覆混用的，也就是迴圈裡可以有分岔，分岔裡也可以有迴圈。

　　由上面的功能介紹，我們可以知道由感測器回授訊號的重要性，要是沒有這個功能，樂高機器人根本無法自己運作！因此，若能把感測器的回授訊號加以利用的話，則讀者對於樂高機器人的掌握性就更高了，以下將介紹第四類的數據運算功能。

　　運算功能(如圖7-38所示)可針對不只一筆回授資訊來做運算，可使用的運算動作包括加減乘除、絕對值及開根號甚至是代入自然指數，算是相當齊全，若再搭配數據功能中的亂數產生器，可以寫出強健度相當不錯的演算法，使機器人在環境的適應力更上一層樓了！

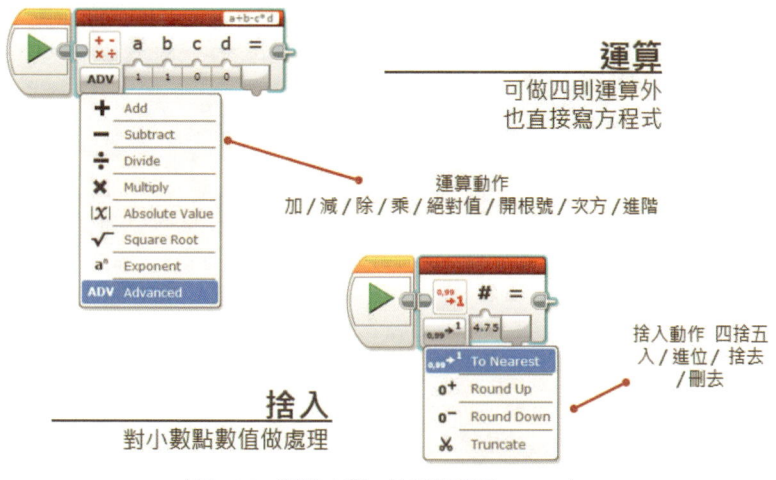

（圖7-38，運算功能，姚武松整理，2016）

　　以上對於樂高零件及樂高 EV3 機器人的程式介紹告一段落，相信各位讀者已經對樂高的基本功能有了初步的認識與了解，迫不及待的想要自己動手做看看樂高了吧！接下來，將帶來樂高動力機械與樂高機器人的機構組合及程式撰寫範例。

7-23

三、成果階段——成品或樣品展示

(一) 樂高動力機械：直升機

　　以下由圖片取代文字說明，只要跟著步驟做就能做出一模一樣的直升機囉，當然讀者也可以發揮想像力來改編屬於自己的樂高積木！

步驟一：找出直升機所需要的所有零件

（圖7-39，姚武松整理）

步驟二：組裝直升機基座

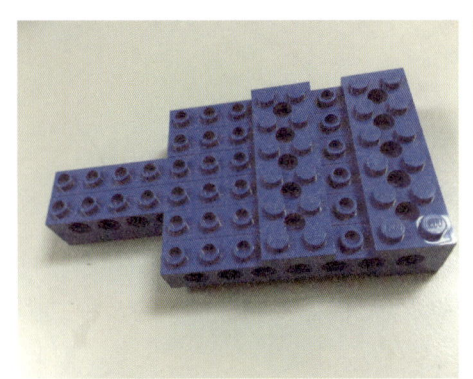

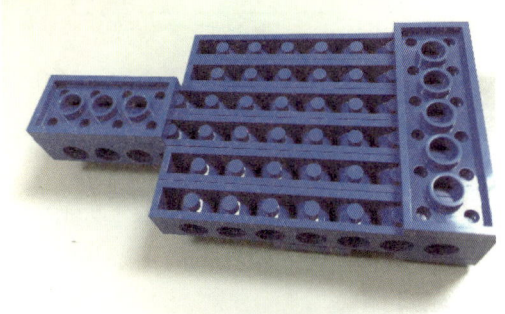

（圖7-40，姚武松整理）

步驟三：組立馬達與冠狀齒輪

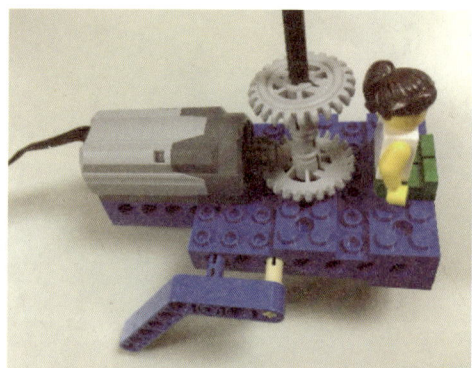

（圖7-41，姚武松整理）

步驟四：加入立架並製作直升機基座上蓋

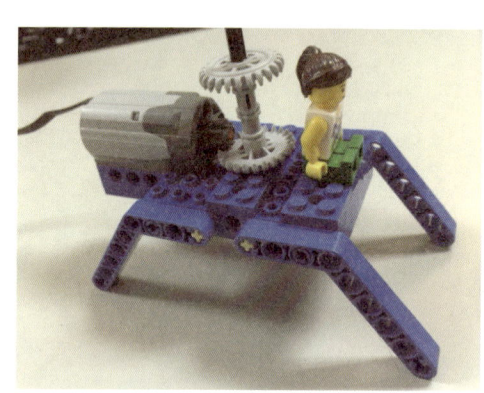

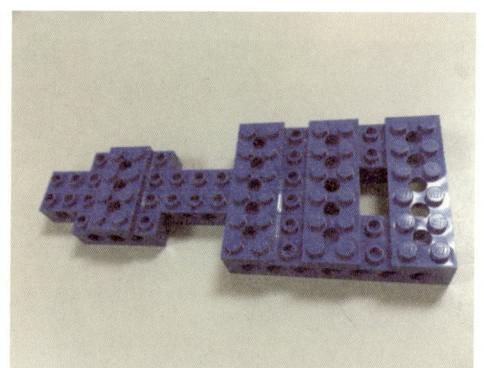

（圖7-42，姚武松整理）

步驟五：蓋上上蓋及前座

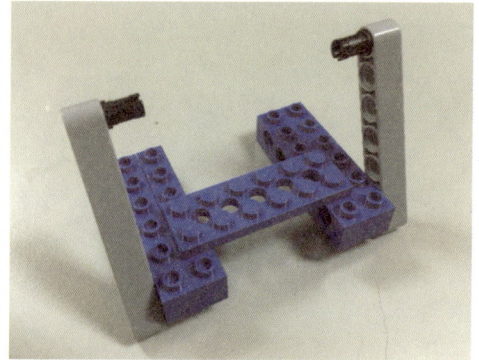

（圖7-43，姚武松整理）

創意實作 ▶ LEGO 運用於多旋翼

步驟六：將上蓋及前座與本體結合

（圖7-44，姚武松整理）

步驟七：以長桿積木墊高上蓋與馬達並製作連結器

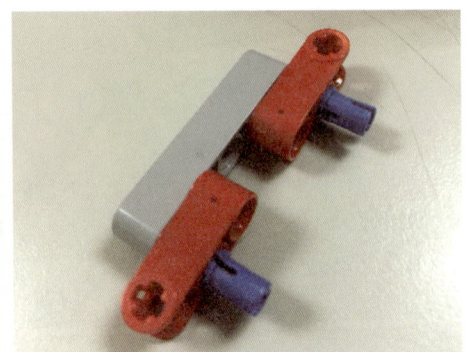

（圖7-45，姚武松整理）

步驟八：裝上連結器並與本體連接以加強剛性

（圖7-46，姚武松整理）

7-26

步驟九：裝上尾翼架並穿過十字軸並透過萬象接頭與馬達動力接合

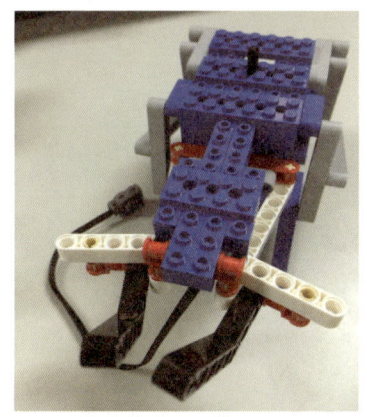

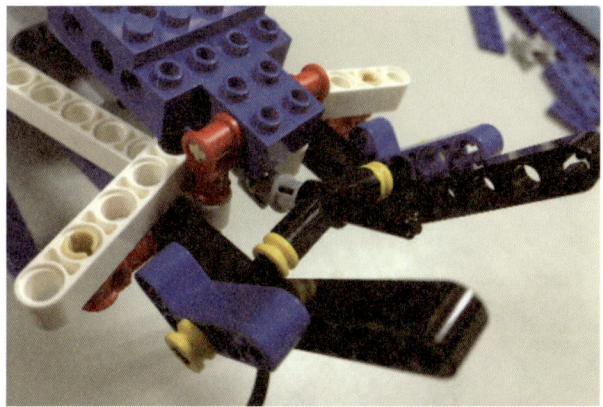

（圖7-47，姚武松整理）

步驟十：裝上冠狀齒輪及尾翼並製作螺旋槳

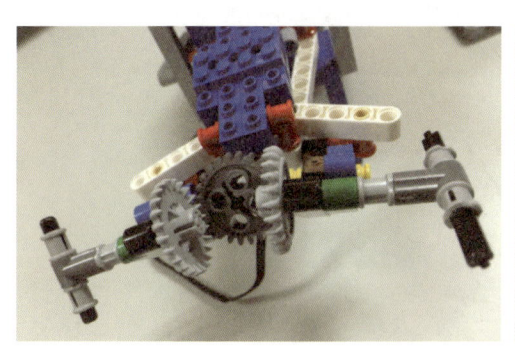

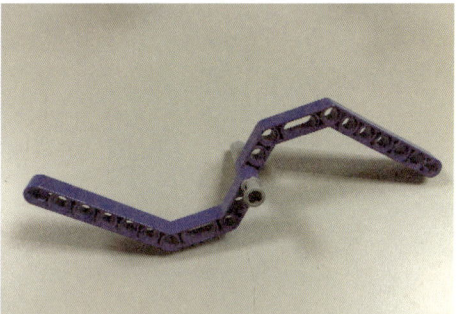

（圖7-48，姚武松整理）

步驟十一：結合電池與螺旋槳就大功告成了！

（圖7-49，姚武松整理）

創意實作 ▶ LEGO 運用於多旋翼

(二) 樂高 EV3 機械手臂

機械手臂不論是機構組裝還是程式撰寫都有一定的複雜度,必須要多花點心思及耐心!

步驟一:組裝夾爪

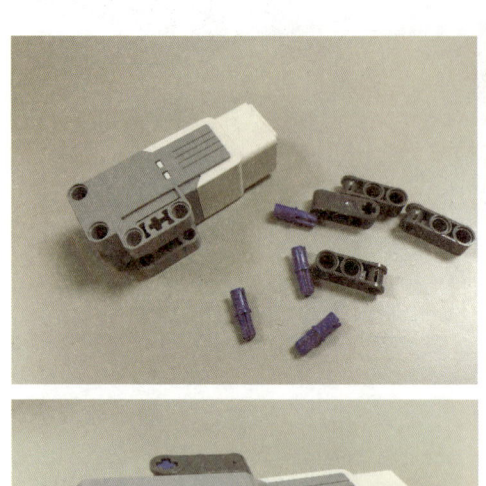

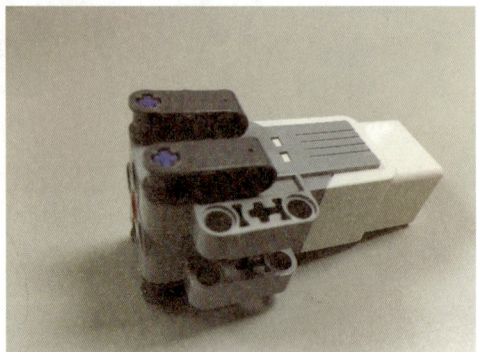

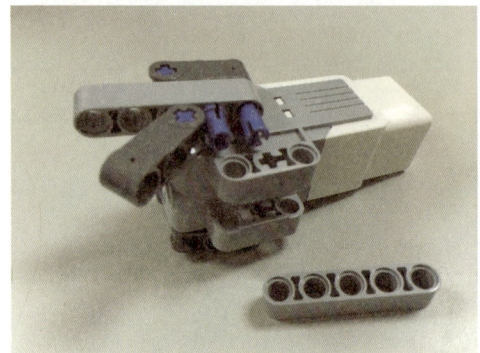

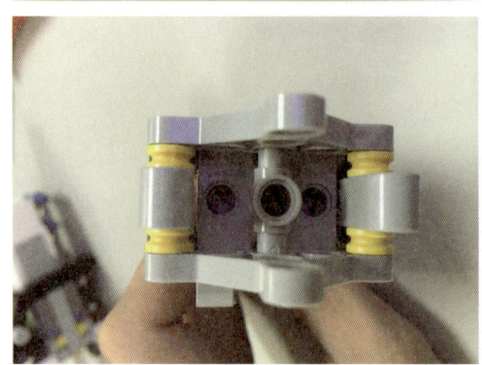

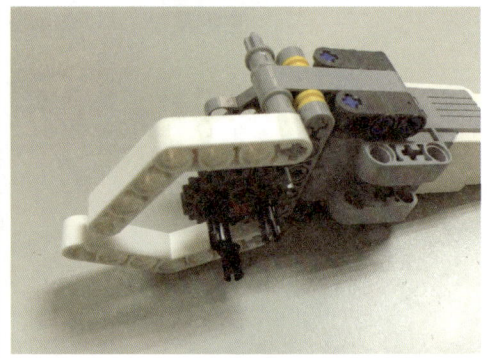

(圖7-50,姚武松整理)

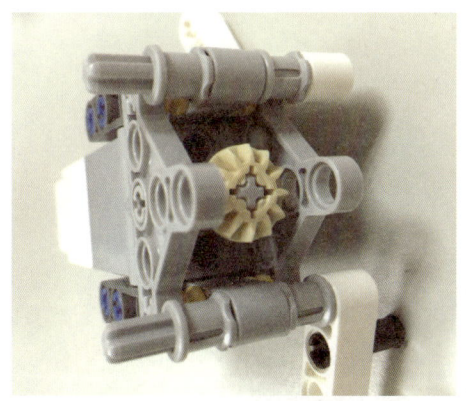

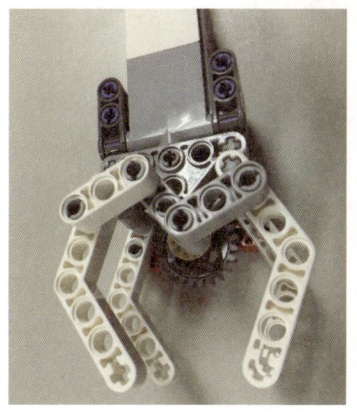

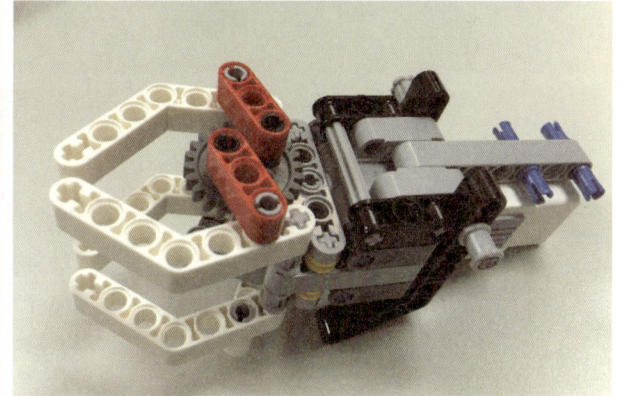

（圖7-51，姚武松整理）

步驟二：裝上超音波感測器

（圖7-52，姚武松整理）

7-29

創意實作 ▶ LEGO 運用於多旋翼

步驟三：組裝懸臂

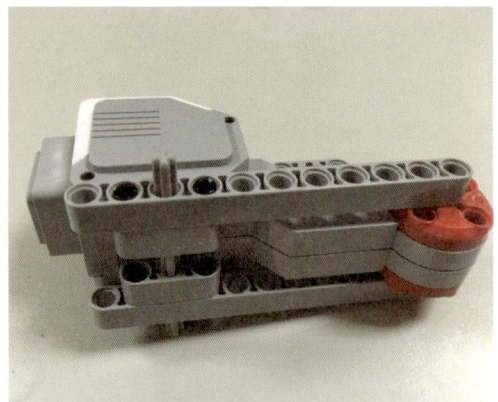

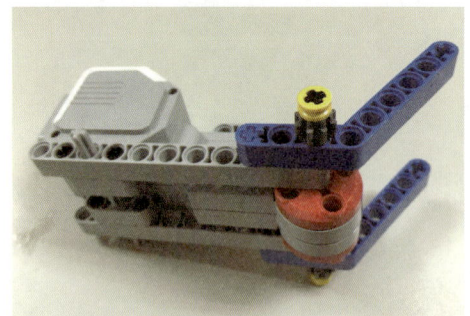

（圖7-53，姚武松整理）

步驟四：基座組立

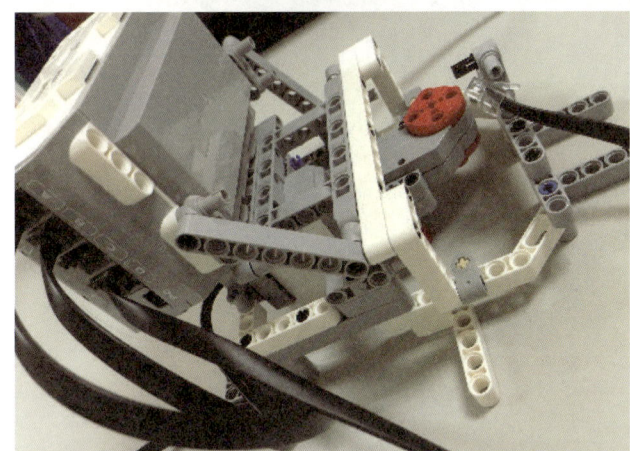

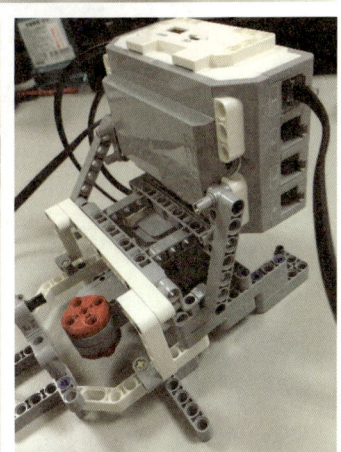

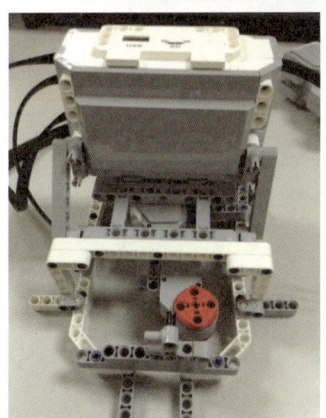

（圖7-54，姚武松整理）

步驟五：組合各部分即完成機構部分的組合

（圖7-55，姚武松整理）

(三) 樂高 EV3 機械手臂程式撰寫

整體程式概略如下，看起來相當複雜，因此將分成四個部分來介紹。

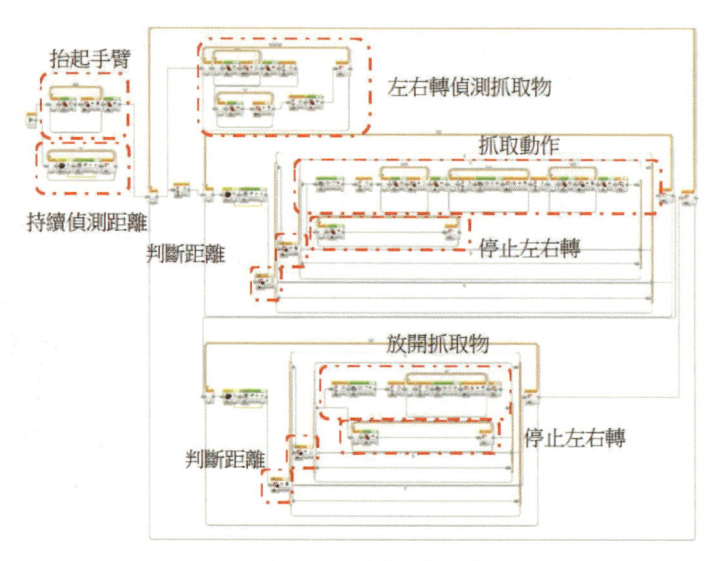

（圖7-56，姚武松整理）

7-32

1. 抬起手臂

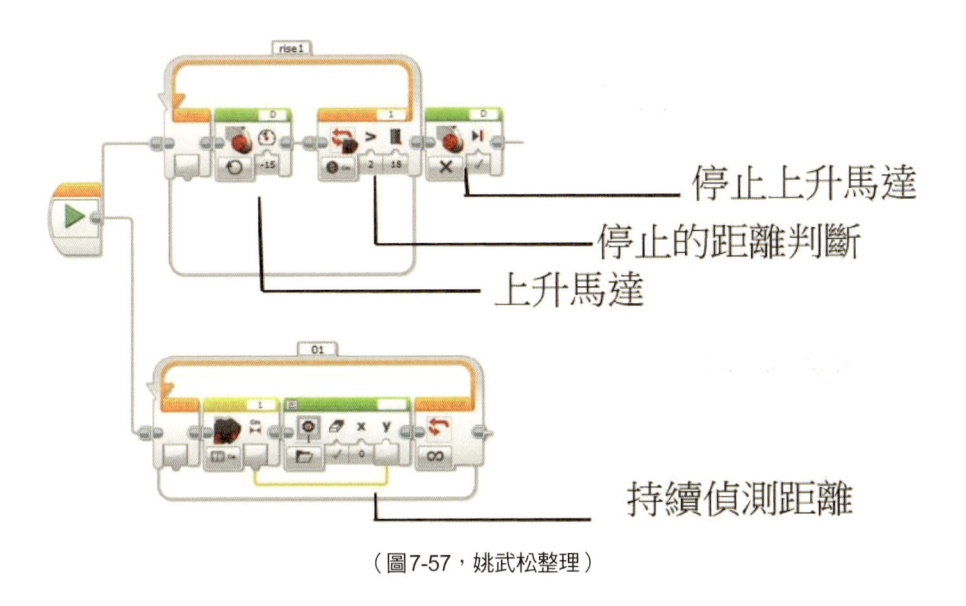

停止上升馬達
停止的距離判斷
上升馬達

持續偵測距離

（圖7-57，姚武松整理）

2. 左右旋轉並偵測距離以抓取物體

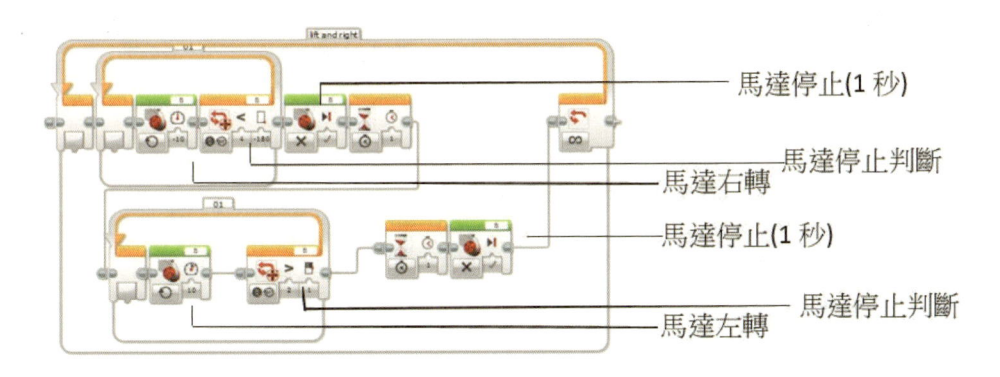

馬達停止(1 秒)
馬達停止判斷
馬達右轉
馬達停止(1 秒)
馬達停止判斷
馬達左轉

（圖7-58，姚武松整理）

創意實作 ▶ LEGO 運用於多旋翼

3. 抓取動作（停止底部馬達旋轉）

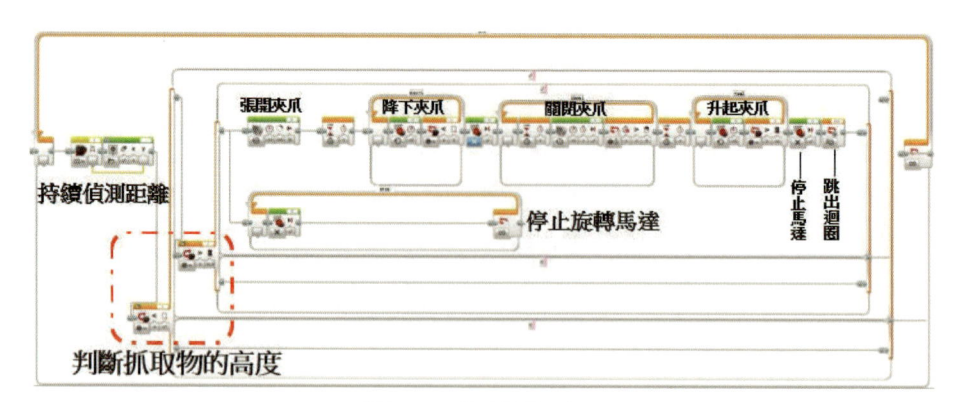

（圖7-59，姚武松整理）

4. 放開抓取物體

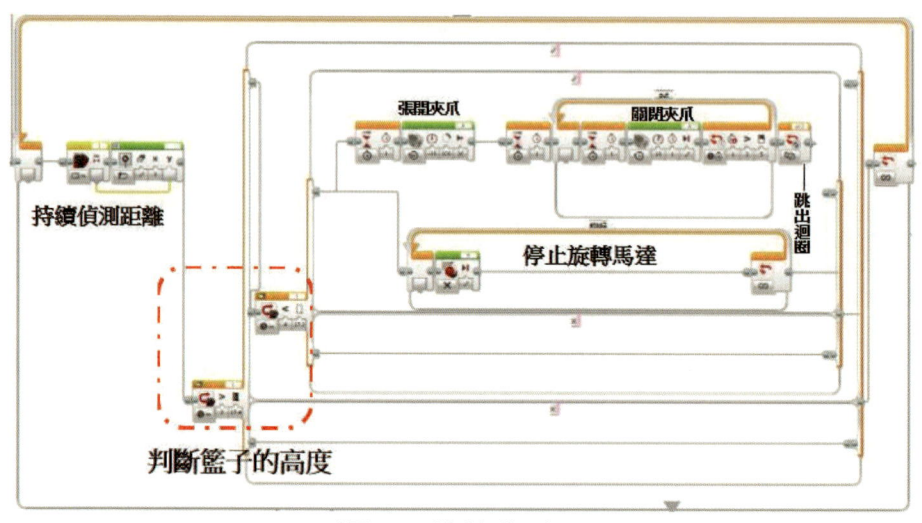

（圖7-60，姚武松整理）

以上四個部分即是機械手臂完成一次任務的週期，因此，若是要不斷地執行任務，就是利用迴圈把這四個部分包起來就可以囉！

7.2　創意多旋翼飛行器

一、無人機簡介

無人機分為固定翼與多旋翼,如圖7-61左側為固定翼無人機而右側為多旋翼無人機,固定翼主要以滯空時間與負載重量重為其主要特色,多旋翼主要以高機動和可停旋滯空的特色在近年來應用層面迅速擴張,許多科學研究開始圍繞著多旋翼研究。

(圖7-61,固定翼無人機與多旋翼無人機,資料源自:https://www.aliexpress.com,姚武松整理,2016)

其中多旋翼分為四旋翼、六旋翼、八旋翼、X型八旋翼;目前最廣泛普及被運用的是四旋翼,以高機動性與攜帶性高為其特色。旋翼機可以算是無人機的應用的其中一,其中的應用包含:拍攝、救災、救難、氣象探測、電影特效;目前也有許多地區開始舉辦由多旋翼進行飛行競賽的 FPV Racing。因此高機動以及飛行速度的提升成為了多旋翼未來的趨勢。

目前空拍旋翼機最為普遍,由旋翼機搭載裝置著攝影機的穩定器進行空拍攝影,為了拍攝完美的影像與提供安全的攝影環境,旋翼機的穩定性成為了眾人關注的議題(圖7-62)。

多旋翼的飛行系統主要由機體、飛行控制卡、GPS接收器、馬達驅動器、

創意實作 ▶ LEGO 運用於多旋翼

（圖7-62，商業空拍機，資料源自：https://www.dji.com，姚武松整理，2016）

馬達、訊號接收機、狀態傳輸器以及地面站等裝置組成，其中飛行控制卡中又包含陀螺儀、加速規、運算處理器等微機電裝置(如圖7-63)。

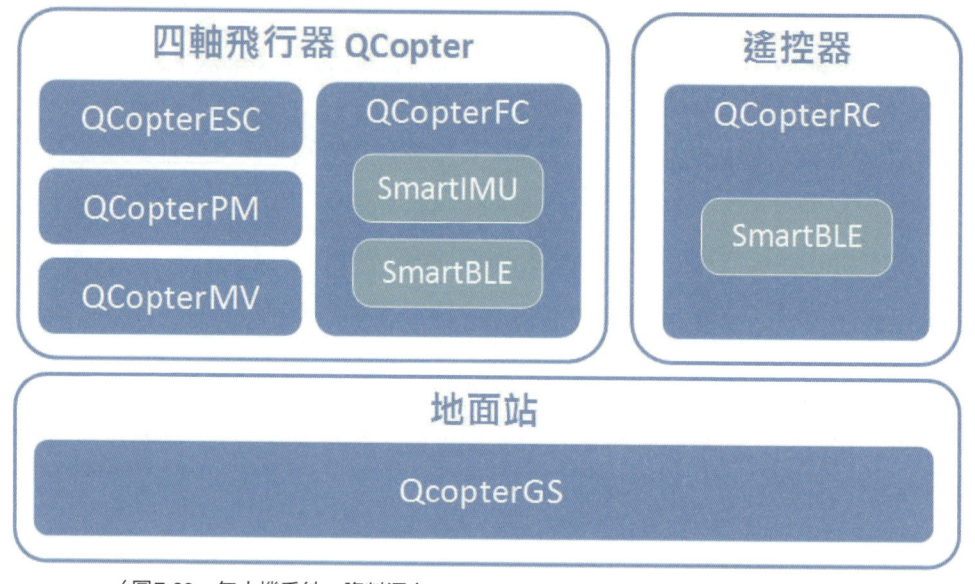

四軸飛行器 QCopter
- QCopterESC
- QCopterPM
- QCopterMV
- QCopterFC
  - SmartIMU
  - SmartBLE

遙控器
- QCopterRC
  - SmartBLE

地面站
- QcopterGS

（圖7-63，無人機系統，資料源自：http://3drobotics.com，姚武松整理，2016）

其中由地面站與遙控器下達命令給無人機，藉此操作無人機的動作；同時無人機會將目前的機上資訊如：姿態、高度、電力、信號強度……等等資訊回傳給地面人員，如圖7-64 所示。

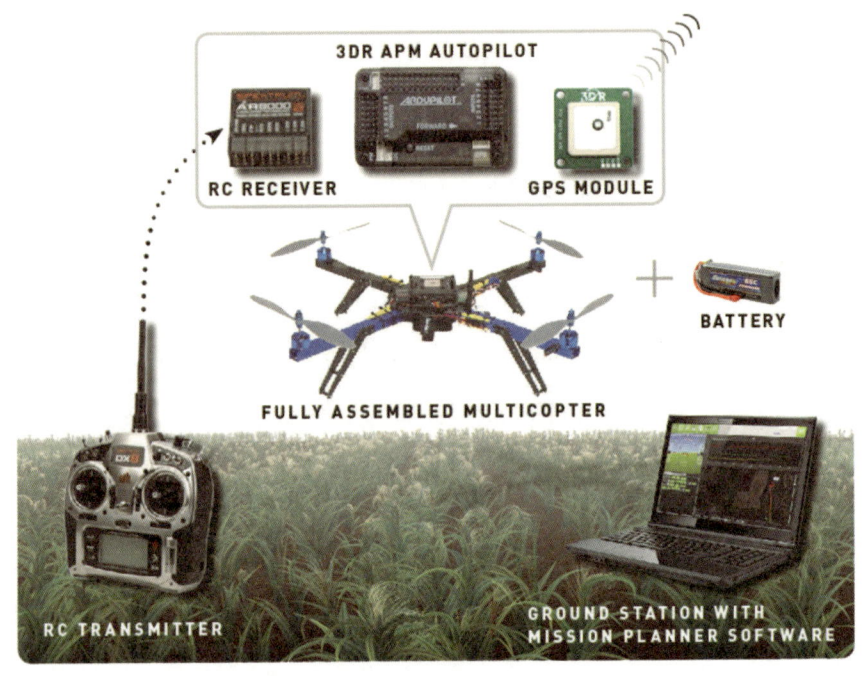

（圖7-64，無人自主飛行系統，資料源自：http://3drobotics.com ，姚武松整理，2016）

多旋翼由許多微機電零件與硬體設備組成（圖7-65）：

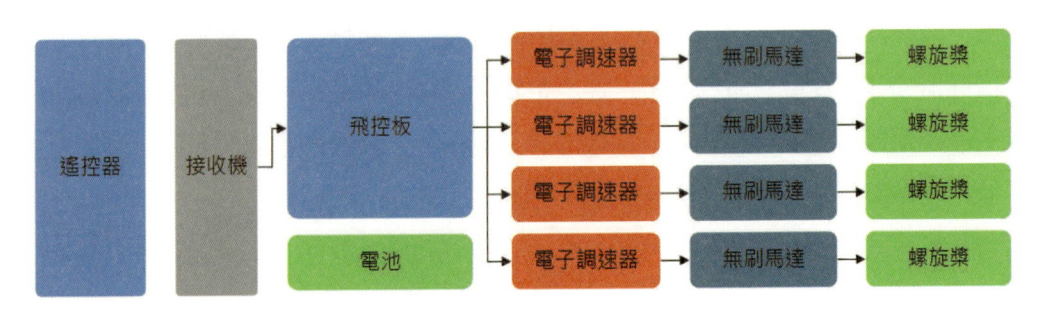

（圖7-65，四軸飛行器接線圖，資料源自：http://arklab.tw ，姚武松整理，2016）

(一) 遙控器

　　遙控器提供飛行員更靈活的操作無人機，能夠更迅速的對無人機下達指令，分為主要操作區、次要操作區與遙控器顯示器，主要操作區提供飛行員即時操控無人機的操縱桿，其中包含：油門、旋轉、俯仰、滾轉；主要操作區也是最優先送出命令的開關位置，當無人機在空中發生意外故障或失控時需要關閉自動駕駛由飛行員接手操作時，主要操作區會變得非常的關鍵。次要操作區通常會將許多需要即時操作的開關以及旋鈕設定在遙控器上，例如：起落架、自動駕駛、電量回報、WP 進入點定位、影像穩定器移動、飛行模式切換……以及許多無人機系統開關。遙控器顯示器通常會顯示目前操作的無人機編號、訊號強度、遙控器開關目前位置、無人機電量、無人機飛行時間。

(二) 接收機

　　接收遙控器的命令訊號，將訊號整理之後再傳給飛控板。

(三) 飛控板

　　飛控板就如無人機的頭腦，其中包含陀螺儀、慣性測量儀、微處理器以及許多微機電裝置，其主要功能是處理無人機飛行的姿態與修正，它能決定無人機飛行的姿態並發出命令控制無人機的飛行表現。目前許多飛控板將許多微機電零件整合，除了控制無人機飛行，在自動駕駛的部分開始會自動計算電子圍籬，避開禁航區與障礙物，甚至能避開人員與安全保護。在競速無人機部分，處理器的運算速度與命令的發送速度會變得更快，即時反應與抗電壓震盪的能力在競速無人機中會比一般空拍機的能力更好，也因此競速無人機目前也常被應用在拍攝部分極限運動或賽車運動的項目。

(四) 電池

電池為多旋翼的動力來源，部分無人機會使用汽油或油精當動力源；目前多旋翼上使用的電池通常為 LiPo 離聚合物電池，一般會標示：串連數 × 安時數 × 放電能力，另會標示充電能力；例如：4s 1800mAh 65C Max130C, 5C charge，意味著最大放電電壓為 4.2×4=16.8 伏特，截止放電電壓 3.7×4=14.8 伏特，電池容量 1.8 安時，最大穩定放電電流 1.8×65=117 安培，極限瞬間放電電流 1.8×130=234 安培，一般僅承受 10 秒或更短的瞬間放電，超過時可能會造成電池內部結構損毀或高溫燃燒，部分電池甚至沒有瞬間放電能力，過度放電也會可能造成危險；因此製造者在挑選電池時要考量安全並注意電池放電能力。

(五) 電子調速器

正名應為「直流無刷馬達驅動器」，主要工作驅動多旋翼馬達旋轉，調整馬達旋轉速度；有些早期驅動器會將信號電流回傳提供給無人機，現在多數新版驅動器都取消這項功能了。大型旋翼機與空拍機的驅動器在啟動馬達與推動馬達時一般會較為平順，推升時不會因瞬間施力過大造成機架損壞，同時降低瞬間電流過強的危險；目前大型旋翼機與空拍機的電子調速器與飛行控制卡的通訊一般接收 PWM 訊號，脈波寬在 1000 μs～2000 μs，也是最普遍的通訊方式。在 FPV Racing 的競速旋翼機的通訊，為了追求速度與響應時間縮短，目前根據韌體與硬體響應開始出現 OneShot 125 與 OneShot 50 等等通訊，把脈波寬減到 25 μs～125 μs 與 0 μs～25 μs 的波寬，增加時間內能讀取到的訊號量，大幅提升旋翼機反應能力。

(六) 無刷馬達

全稱為 BLDC 外轉子直流無刷馬達，多旋翼無人機使用此馬達主要在其最大特色：散熱效果佳。現在隨著此趨勢，許多廠商開始設計零件容易更換且抗軸向衝擊受力，有效提升馬達壽命與提升多旋翼的飛行速度。

(七) 槳

目前市面上的槳多分為纖維槳與塑膠槳，纖維槳又分為玻璃纖維與碳纖維，玻璃纖維硬度高，在推力非常重的負載下不會有嚴重變形而影響推升能力，但破裂時容易變成許多細小且銳利的碎片。市面上軸距超過一米的旋翼機最普遍使用的為碳纖維槳，高硬度且不易碎是比玻璃纖維更具優點，但價格相對塑膠槳昂貴。一般標示會以：「槳距 × 螺距 × 葉片數」標示；例如 50453 就意味著槳距 5.0 吋，螺距為 4.5 吋的 3 葉槳；80502 為槳距 8.0 吋，5.0 螺距的 2 葉槳。槳距意味著槳的大小；螺距一般稱作 Pitch，Pitch 愈大，推力愈強，相對的，對於馬達的負載就會愈高，很容易造成馬達過熱；葉片數愈多，也同時能提高推力，並同時會造成馬達的負載。

(八) 其他

包含 GPS 定位系統、BEC 電源分壓模組、圖形傳輸模組、OSD 影像疊加器等模組。其中 GPS 定位系統與圖形傳輸模組目前在空拍機中為標準配備，搭配可以執行如定點拍攝、循跡拍攝、跟隨拍攝等等功能。

除了碳纖維材料機架，現在也有許多多旋翼開始使用 3D 列印材料打造機架，如圖7-66 所示使用 3D 列印成型的塑料機架結構輕具備韌性，相對一般的碳纖維機架其優點為價格便宜、製造容易、隨手可以取得，製造者僅需要擁有一台 3D 列印機即可自行製作機架，非常適合初學者練習飛行或實驗耗材使用。

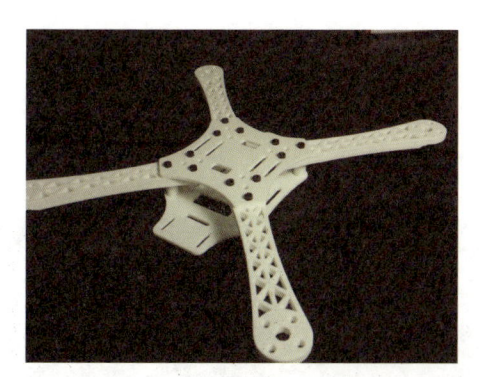

(圖7-66，3D列印飛行器結構，姚武松整理，2016)

　　四軸多旋翼的飛行方法如圖7-67所示，與對角軸的旋轉方向相同，由順時鐘旋轉與逆時鐘旋轉的螺旋槳組成。隨著變更動力的位置來使多旋翼產生動作。飛行器的螺旋槳配置，對角螺旋槳轉向相反，互相抵銷旋轉上的力矩在已經平衡的情況下，同時增加或減少四旋翼的推力，可做出上升與下降的動作，同時增加或減少相鄰兩旋翼的推力，可做出前後左右運動的動作，若同時增加或減少對角旋翼的推力時，可做出順逆時針旋轉，而任何的飛行運動都可以由上升、下降、前後左右、順逆時針旋轉的運動所組成。

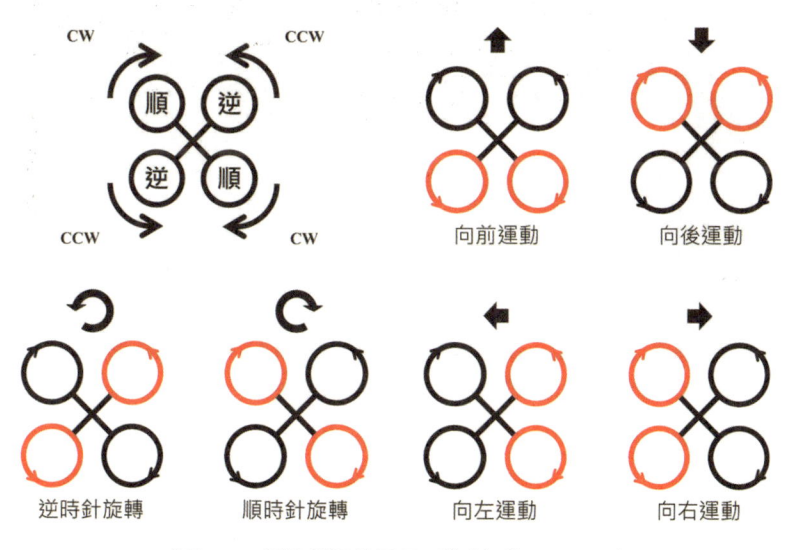

(圖7-67，飛行器運動原理，姚武松整理，2016)

7-41

創意實作 ▶ LEGO 運用於多旋翼

　　近期 3D 列印愈來愈成熟，許多設計機架零件開始可以自己設計、自己製造 (圖7-68)，利用列印機把零件列印出來，安裝上馬達與驅動器零組件後就成為一組動力系統，如圖7-69 所示。

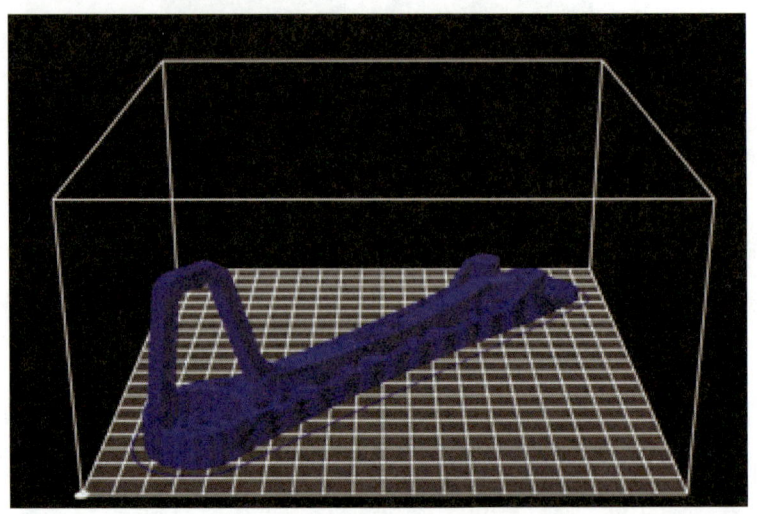

（圖7-68，3D 設計飛行器結構件，姚武松整理，2016）

（圖7-69，3D 列印飛行器結構，姚武松整理，2016）

隨著飛行控制卡的發展(圖7-70)，多旋翼的發展開始趨向體積更小、速度更快、時間更久；許多微機電系統微小化，抗高溫與抗高電壓能力加強。隨著FPV Racing 的競速機發展與無人機飛行員的要求增加，多旋翼的危險性大幅度增加。因此，飛行安全觀念必須深根於每一位無論玩家、飛行員、一般民眾。

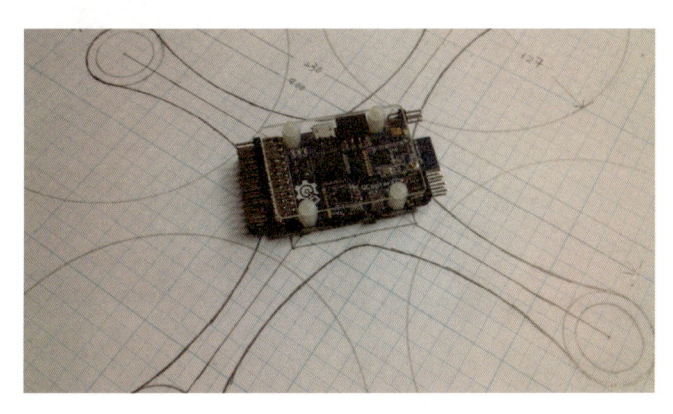

（圖7-70，飛行控制卡，姚武松整理，2016）

二、Faze 基礎認識

(一) Faze 初步認識

（圖7-71，Faze 小型四軸飛行器，姚武松整理，2016）

創意實作 ▶ LEGO 運用於多旋翼

Faze，小型四旋翼(圖7-71)，隨插即用的特色與價格便宜又容易操作，適合第一次接觸多旋翼無人機的民眾與玩家，可繞曲的螺旋槳有效降低傷害到人員的危險性。讓操作多旋翼的民眾能在安全的環境中學習。

Faze 由三層電路板一體成型的電路板組成機架，安裝上 DC 直流有刷馬達與 LiPo 鋰聚合物電池，構成一架四旋翼機(圖7-72)。

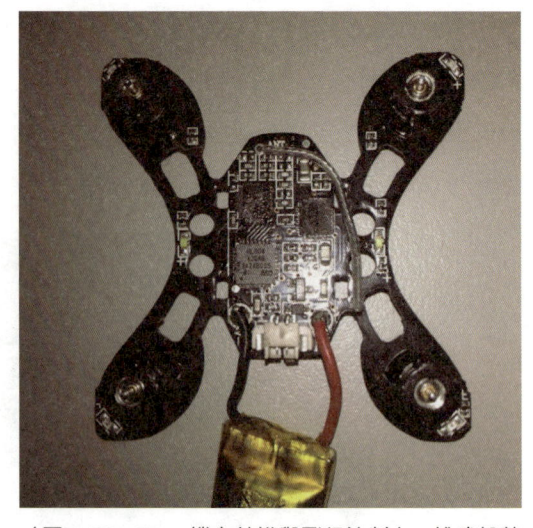

(圖7-72，Faze 機身結構與飛行控制卡，姚武松整理，2016)

圖7-73 所示為 Faze 的組成，僅配備了遙控器、接收器、陀螺儀、姿態控制器、馬達驅動器、直流有刷馬達、鋰聚合物電池。黑線下為一般空拍機需要配備的模組。

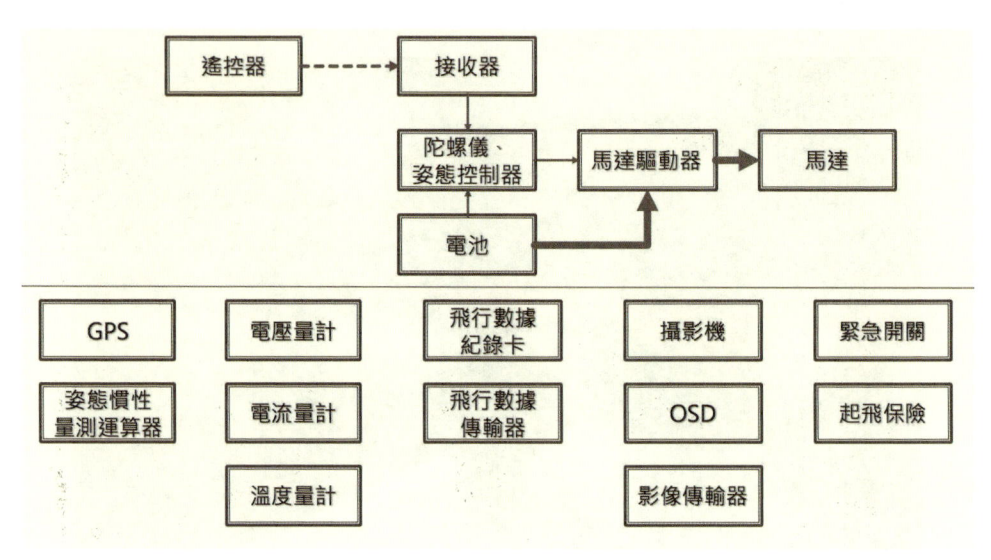

(圖7-73，Faze 包含的飛行系統，姚武松整理，2016)

左側天線裸露，在飛行時容易造成被槳打到的風險；因此安裝時必須將天線收在保護殼之內 (圖7-74)。

（圖7-74，Faze 充電方法與天線收納方式，姚武松整理，2016）

(二) 飛行教安

　　「先啟動遙控器，再啟動飛機」。在過去傳統遙控器輸出訊號都是類比的時代，並沒有數位密碼鎖，常常會造成啟動時輸出雜訊影響飛機，因此無論是空拍機或是大型旋翼機，維修人員或飛行員在學習基礎教育時，都會被要求養成此基本觀念。許多競速無人機會場更會要求所有遙控器頻道由大會統一發布固定頻道，因此先開遙控器成為一位合格飛行員的基礎習慣。但隨著現在許多

（圖7-75，先啟動飛機再啟動遙控）

飛行控制器都有設計複雜的安全保險開關，再加上 Faze 主要提供給第一次面對多旋翼的民眾，不論是先啟動飛機，再啟動遙控器；或是先啟動遙控器，再啟動飛機，都不會造成危險 (圖7-75)。

創意實作 ▶ LEGO 運用於多旋翼

　　Faze 是浮動頻道,因此在一位民眾開啟遙控器在對頻道時,其他人必須將遙控器與旋翼機關閉,避免一人操作多架飛機或多人操作一架飛機的危險 (圖 7-76)。

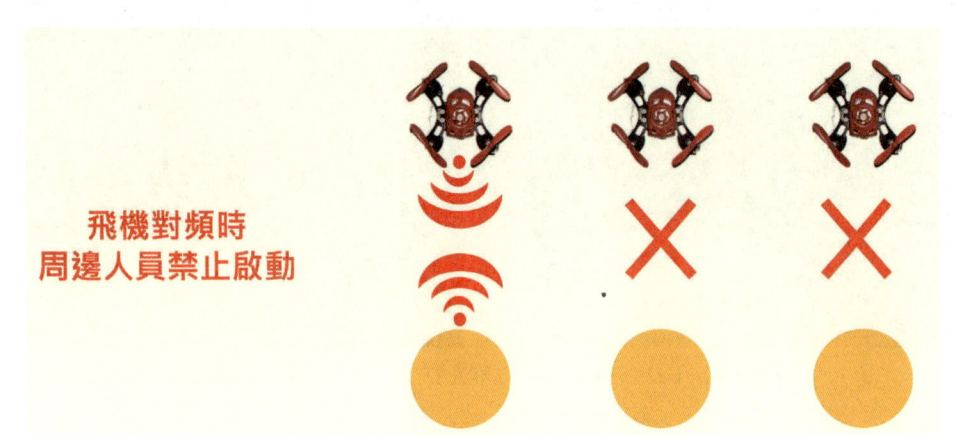

(圖7-76,飛機對頻時,周邊人員禁止啟動)

　　關閉時,將飛機關閉是避免遙控器關閉後無人機失控,在啟動遙控器時無法對上頻道對其操作造成危險。因此必須先將飛機關機,再將遙控器關機 (圖 7-77)。

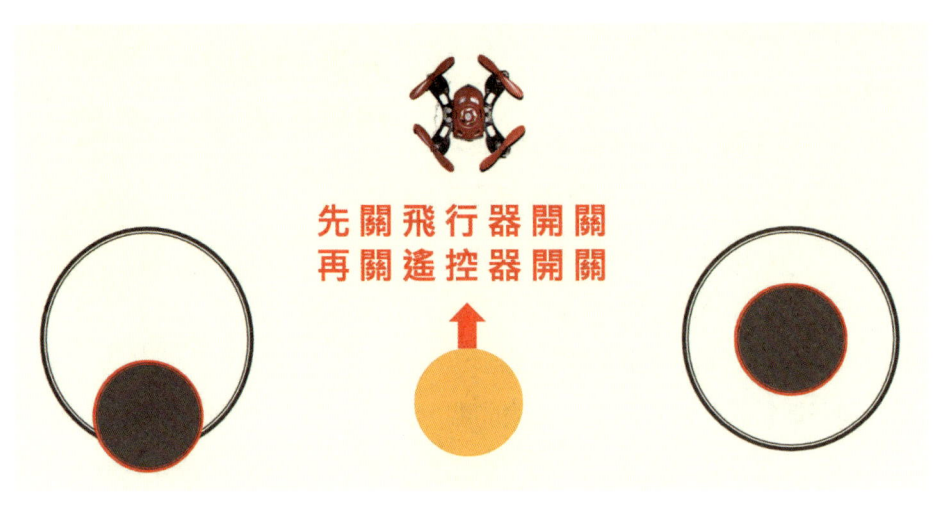

(圖7-77,先關飛行器開關,再關遙控器開關)

7-46

第一次接觸飛行時,為了使操作者能有直覺的反應,會要求將飛機朝向的方向與操作者的方向保持相同,讓操作者養成習慣(圖7-78)。隨著操作者的經驗增加,操作動作增加,會開始有逆向飛行與逆向翻滾的飛行動作。但此項動作是操作多旋翼時的基礎動作,許多迷失方向的操作者都會習慣調整飛機回到這個動作後,再繼續其他動作。

(圖7-78,飛機與人保持同方向)

　　無論是有一定基礎的操作者或豐富飛行經驗的飛行員,在沒有十足把握的環境下,空域內禁止有人員是一項不可打破的規則(圖7-79)。

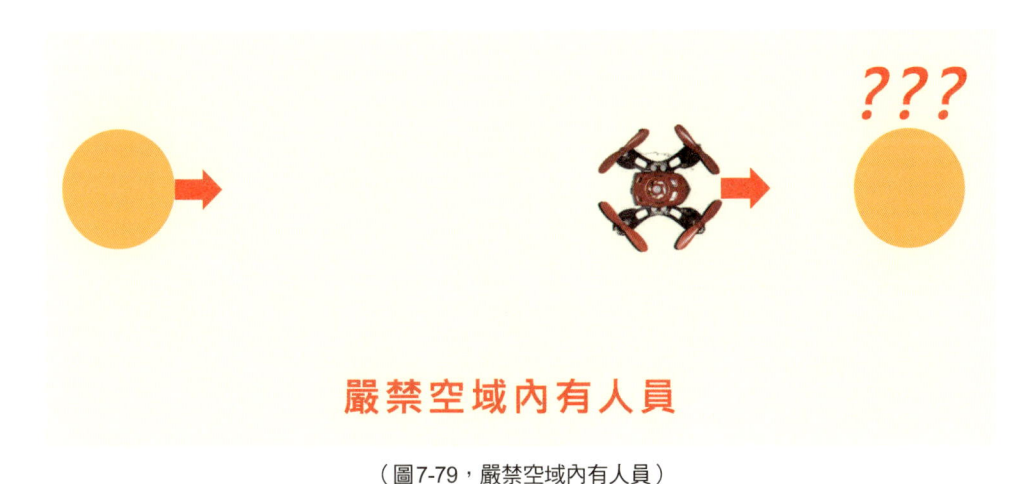

(圖7-79,嚴禁空域內有人員)

創意實作 ▶ LEGO 運用於多旋翼

跟飛機與人保持同方向觀念相同，同樣是為了降低危險發生時造成更多傷害(圖7-80)。

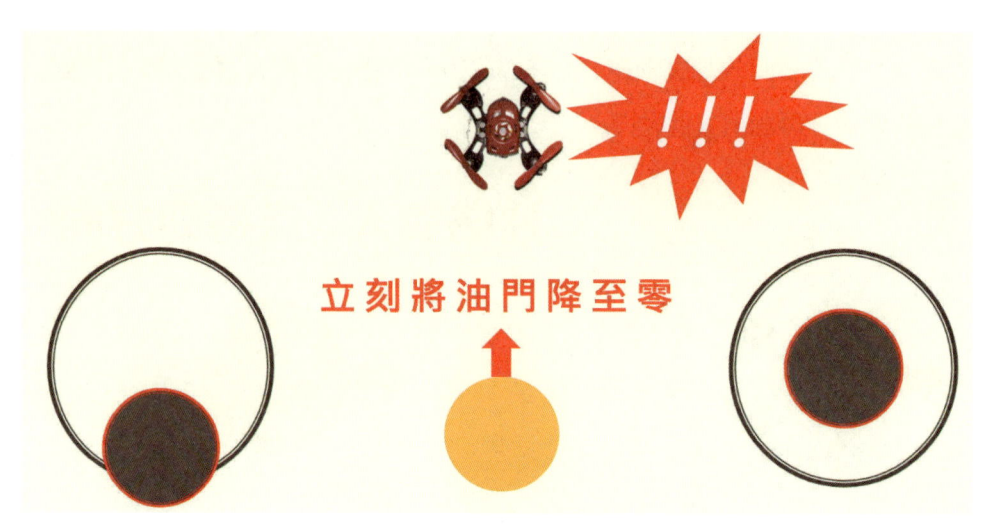

（圖7-80，立刻將油門降至零）

養成做筆記的習慣，把生活上觀察的小事情記錄下來！
創意也跟著來囉～

創意實作 ▶ LEGO 運用於多旋翼

養成做筆記的習慣，把生活上觀察的小事情記錄下來！
創意也跟著來囉～

養成做筆記的習慣，把生活上觀察的小事情記錄下來！
創意也跟著來囉～

創意實作 ▶ LEGO 運用於多旋翼

養成做筆記的習慣，把生活上觀察的小事情記錄下來！創意也跟著來囉～

養成做筆記的習慣，把生活上觀察的小事情記錄下來！
創意也跟著來囉～

國家圖書館出版品預行編目資料

創意實作─Maker 具備的 9 種技能 ⑦：LEGO 運用於多旋翼 / 姚武松編. -- 1 版. -- 臺北市：臺灣東華, 2018.01

64 面；17x23 公分

　　ISBN 978-957-483-921-6　（第 1 冊：平裝）
　　ISBN 978-957-483-922-3　（第 2 冊：平裝）
　　ISBN 978-957-483-923-0　（第 3 冊：平裝）
　　ISBN 978-957-483-924-7　（第 4 冊：平裝）
　　ISBN 978-957-483-925-4　（第 5 冊：平裝）
　　ISBN 978-957-483-926-1　（第 6 冊：平裝）
　　ISBN 978-957-483-927-8　（第 7 冊：平裝）
　　ISBN 978-957-483-928-5　（第 8 冊：平裝）
　　ISBN 978-957-483-929-2　（第 9 冊：平裝）
　　ISBN 978-957-483-930-8　（全一冊：平裝）

創意實作─Maker 具備的 9 種技能 ⑦
LEGO 運用於多旋翼

編　　者	姚武松
發 行 人	陳錦煌
出 版 者	臺灣東華書局股份有限公司
地　　址	臺北市重慶南路一段一四七號三樓
電　　話	(02) 2311-4027
傳　　眞	(02) 2311-6615
劃撥帳號	00064813
網　　址	www.tunghua.com.tw
讀者服務	service@tunghua.com.tw
門　　市	臺北市重慶南路一段一四七號一樓
電　　話	(02) 2371-9320
出版日期	2018 年 1 月 1 版 1 刷

ISBN　978-957-483-927-8

版權所有 ‧ 翻印必究